在该动脑子的时候

动感情

云中轩／

著

江西美术出版社
JIANGXI FINE ARTS PUBLISHING HOUSE

图书在版编目（CIP）数据

　　别在该动脑子的时候动感情 / 云中轩著 . -- 南昌：
江西美术出版社 , 2017.7
　　ISBN 978-7-5480-4321-8

　　Ⅰ . ①别… Ⅱ . ①云… Ⅲ . ①人生哲学 - 通俗读物
Ⅳ . ① B821-49

　　中国版本图书馆 CIP 数据核字（2017）第 033447 号

出品人：汤　华
企　　划：江西美术出版社北京分社（北京江美长风文化传播有限公司）
策　　划：北京兴盛乐书刊发行有限责任公司
责任编辑：王国栋　陈　东　陈漫兮　楚天顺
版式设计：曹　敏
责任印制：谭　勋

别在该动脑子的时候动感情

作　　者：云中轩

出　　版：江西美术出版社
社　　址：南昌市子安路 66 号江美大厦
网　　址：http://www.jxfinearts.com
电子信箱：jxms@jxfinearts.com
电　　话：010-82293750　　0791-86566124
邮　　编：330025
经　　销：全国新华书店
印　　刷：保定市西城胶印有限公司
版　　次：2017 年 7 月第 1 版
印　　次：2017 年 7 月第 1 次印刷
开　　本：880mm×1280mm　1/32
印　　张：7
Ｉ Ｓ Ｂ Ｎ：978-7-5480-4321-8
定　　价：26.80 元

　　女人的一辈子，会遇到很多人、很多事，会有很多种角色。在家里，她们是父母的女儿、公婆的儿媳、爱人的妻子、孩子的母亲，还可能有妯娌关系、姑嫂关系要处理；在社会上，她们可能是女上司、女职员，也可能是女老板。女人的多重角色，决定了女人不能在该动脑子的时候动感情。女人过于感性，往往会顾此失彼，迷失方向。她们会让自己总是处在被动的地位，不能通过进攻获得自己想要的结果。其实，女人感性一点没什么不好的，只是生存环境需要女人们保留更多的理性。

　　苏苏大学毕业后经过一路拼杀进入了一家单位。单位前景很好，是世界500强企业，在市中心的高档写字楼办公。苏苏在工作中屡屡犯错，而且不知道从自身找原因，她总是抱怨运气不好，从不认真反省自己。很遗憾，她没通过试用期。

　　其实，丢了工作并不可怕，丢了工作以后认真反省，在以后的工作中不再犯这样的错误才是最重要的。苏苏因为她的单纯和感性，丢了工作；因为她的固执和不负责任，还没找到前进的方向。她要成长还需要时间和磨砺。女人是天生的"感情动物"，只有历经了磨难和岁月的洗礼，才能成为一个圆润的女人，才能游刃有余地把控自己的生活。

又经过几年的磨炼，苏苏和男朋友大鹏携手走进了婚姻殿堂。这个时候的她，已经退去了初入社会时的青涩，夫妻之间有了小矛盾她都会很小心地化解，面对挑剔的婆婆她也收起了自己的锋芒，和婆婆保持恰当的距离。很快她有了宝宝，她不再纠缠于小事，能游刃有余地处理好各方面的关系。几年下来，她成了一个感性与理性完美并存的成熟女人。

感性的女人总让男人有种想要保护的冲动，但是，太过于感性的女人，总是很难融入这个社会，她们往往会吃亏、碰壁。女人不得不让自己变得理性，同时让自己成熟起来，让自己尽可能少吃亏。

我们都知道，成熟的女人，能很好地处理自己的人际关系。成熟的女人能走进人的心里，知道怎样才能获得让对方甘愿付出的友情；她们善于打造自己的人脉圈，让自己成为一个小团体的中心；她们还精通职场规则，懂得怎样为自己争取更多的利益，懂得怎样才能让自己拥有更多的话语权；她们不喜欢厚黑，但是别人也别想用厚黑对付她们，如果有人那么做，她们会很优雅地让对方难堪。

我们在这里并不是想教大家多么精明，而是让大家别太不通人情世故。这个社会上不缺聪明人，人人都想表现聪明，不想自己看起来很平凡，但是真正的聪明人是懂得进退的。我们面对任何事情都要做到心中有数，能从容应对，不要总是被人牵着鼻子走。整天辛苦打拼的女人们，不妨静下心来，仔细读读这本书，相信它会帮助你们更早地过上自己想要的生活。

目 录
Contents

CHAPTER 1

女人最大的悲哀，就是不愿意动脑子

01 为什么你总是感觉生活不如意?

在日常生活中,我们时常唉声叹气,总是在自己无可奈何的时候,就发出一声叹来:"唉。"

身边的人就会问:"怎么了?是有什么不开心的事情吗,为什么唉声叹气?"

可这个时候,我们会发现,自己好像回答不上来。

为什么唉声叹气呢?生活不顺心,还是事业不如意?

◎ 及时梳理生活中的不良情绪

其实人的一生中会遇到许多不如意的事,小学时考试不及格,或是黑板上的题目不会做,都能令我们心烦上一阵子。到了成年以后,我们面临着工作上的困难、事业上的挫折、生活上的困苦,婚姻中夫妻双方的矛盾……能令我们苦恼的事情更多了。

活在人世间,能让我们不开心的事情太多,我们被负面情绪所负累的时间也很多,每当心情不好时,如何及时梳理我们的不良情绪就显得尤为重要。

一个上司,最不喜欢的就是员工将负面情绪带到工作中来。作为家庭的一员,我们也不喜欢将工作上的负面情绪带到生活中去。但生活与工作往往是互通的,平常在与别人的日常交往中,我们也会遇到许多不开心的事情,哪怕出去逛个街,都可能与陌生人产生矛盾。产生不良情绪的源头那么多,我们一定要善于打理好我们的心态,如此才能时时以笑容面对我们的生活。

琦敏与芳菲是两个性格迥异的人,琦敏有事喜欢说出来,她还特别爱笑,朋友们常常会问琦敏有什么事那么好笑。她总回答："生活那么苦，愁眉苦脸给谁看？还是笑一笑好，笑一笑十年少。"有一次琦敏因为和主管吵了一架，当天下午就失业了；但是回到家中，她就跟个没心没肺的人似的，依旧照常地过日子，休息了两天就精神抖擞地去找新工作了。

芳菲不太擅长与别人交流，性格也比较沉默，是典型的双鱼座，多愁善感又有点内敛，太情绪化又容易陷入沮丧而不可自拔，每当日常生活中受了委屈，她总喜欢憋在心里不讲，又不懂得疏导与整理，久而久之，芳菲整个人看起来气色变差了许多，听闻有一阵子还差点儿患上忧郁症。

因为个性上的不同，琦敏虽然还没结婚，但追她的人排成了十里长龙。而芳菲由于性子太过阴郁，不良情绪没有及时得到疏解，她的老公对她颇有微词，导致家中愁云惨淡。芳菲的老公觉得压抑得难以呼吸，与她吵了几架，家庭越来越不和睦，险些酿成大祸。

面对生活中的不良情绪，我们一定要学会及时疏解，像琦敏那样，从来不将不良情绪留到第二天，也从来不把这些事儿憋在心里。一个人的承受能力是有限度的，心中的垃圾堆积得多了，整个人也变得像个垃圾场一样。

内心压抑了，许多事情就难以做好，生活没有新的改变，一成不变的压抑，让人难以喘息。芳菲就是犯了这个错误，我们要学会及时疏导情绪，为自己的生活找一点儿乐趣。

◎ 如何应对不良情绪？

因为不疏导情绪，芳菲就像一个即将被吹爆的气球。为了始终拥有一个好心情、一个积极向上的心态，我们可以定期对自己的负面情绪进行清理。

首先，要给自己立一条规矩：绝对不要将坏心情留着过夜。培养属于我们的兴趣爱好，如果平常喜欢唱歌，那么心情不好的时候就尽量约上二三好友，一起去KTV狂High一番，相信不良情绪得到了发泄，剩余的一定只有好心情。

其次，若遇到令自己不开心的事情，就尽量解决它。若是因为困难而毫无心情做别的事情，我们就尽量去解决它，把这个不良情绪的根源解决掉。若是依靠自己的能力无法单独解决，我们可以请教有办法解决它的人，尽量为自己排解不良情绪，告诉自己事情总会过去的。

最后，如果是因为平常太忙碌了，导致我们对生活感到疲惫，那我们就要及时放松，为自己腾出一个空间，让自己休息一下。做人与做事都要松弛有度，不要太过于逼迫自己，有时将自己逼得太紧了，容易适得其反。工作要劳逸结合，也要经常注入新的活力。

培养几个新的兴趣爱好，在心情烦闷的时候，把注意力转向别的地方。

◎ 整理不良情绪的 6 个办法

自我鼓励

遇到挫折的时候，多看一些励志的名人名言，鼓励自己不要气馁，不要只着眼于眼前，更不要沉溺于不良情绪之中。

情绪转移

找点其他的事情做，不要时时刻刻想着令自己不开心的事情。失恋法则中说，走出一段感情的最佳方法是"转移"，这种方法也同样适用于不良情绪出现时。

憧憬未来

走出当前的困境，最好的办法就是把视线聚焦于未来。当看到未来的美好时，当前的一切困难都不足以被称为困难了。告诉自己：会好的，一切总会越来越好的！

找人倾诉

找人倾诉是女人心情不好时最适用的方法之一。高晓松与妻子宣布离婚后，他的妻子发表了一份声明，她在声明里说道："最难受的时候，我不断地与身边的人说着我的痛苦，我仿佛把所有这辈子要说的话都在那时说尽了。"如今，她已经从那段失败婚姻带来的痛苦中走了出来。

尽情发泄

不要让不开心堆积在自己的心里，心情实在不好的时候就找个空旷的地方大喊几声，从而使我们的心情平静下来，实在难过的时候不妨哭一场。我们是女人，眼泪是上天赋予我们的礼物，哭是释放负面能量的方法，可以调整心情。哭完再大笑三声，所有烦闷统统不见。

学会休息

无论是谁都应该客观地认识和评价自己的承受能力，无论是工作上的，还是心情上的，这一点是非常重要的。特别是工作上的一些承受能力，因为很多不好的情绪都是因为承受不住工作的压力而引起的。

解决的办法就是，无论每天多么繁忙，都应留出一定的时间休息，尽量让精神上绷紧的弦有一个放松的机会。

02 接纳自己的不完美

很多女人容易被别人的想法左右。她们总是习惯于接受外界的信息暗示，心理学上将这种倾向称为"巴纳姆效应"。这是一种很普遍的现象，但是其中却存在着一个至关重要的问题：假如接收的信息是积极的，那自然是一件好事；但如果信息是消极的，就会影响心情，使人情绪低落或者焦虑不安。

◎ 女人要对自己有清醒的认识

女人容易被别人的想法左右，在这一点上，通常比男人表现得更为明显。这就是为什么有那么多女人热衷于心理测试、塔罗牌游戏，以及天桥、路边的算命、占卜等的原因。不少女人对算命先生的话深信不疑，为之耿耿于怀，甚至日夜不安。

比如，某些杂志的心理测试中说"你很需要别人喜欢并尊重你""你喜欢生活有些变化，厌恶被人限制""你有许多可以成为你优势的能力没有发挥出来，同时你也有一些缺点，不过你一般可以克服它们""你与异性交往有些困难，尽管外表上显得很从容，其实你内心焦急不安""你有时怀疑自己所做的决定或所做的事是否正确""你有时外向、亲切、好交际，而有时则内向、谨慎、沉默"。相信很多女人对此都会深信不疑，并惊叹这测试真够准的。

其实，这是一顶套在谁头上都合适的帽子。你以为对自己描述很准的语言，其实90%的人都会觉得很准。你以为自己被说中了心事，其实100个人中，多半人都会是这样的答案。

女人天生敏感，更容易受到周围信息的暗示，并把他人的言行作为自己行动的参照，以致在环境当中迷失了自己。

女人，要避免被外界的信息奴役，尤其是被那些消极的信息影响心情，这就需要正确地认识自己。早在两千多年前的希腊石柱上就写着"认识你自己"，这是一个亘古不变的话题。

如果你不能认识自己，只是盲目地依靠别人界定自己，你的心情和生活就会被别人主宰。只有保持一颗恒定淡然的心，做真实的自己，美好的命运才会光顾到你的头上。

◎ 只有喜欢自己，才会拥有幸福

每个人都有个性，每个人的个性不见得都被别人喜欢。发生这种事情是在所难免的，毕竟我们都会觉得自己是对的，而别人无论如何都是错的。然而现实中还是有很多人表现得很不一样。他们往往会非常看重别人对自己的评价，或者是别人对自己的看法。比如说，有个人说他说话声音太大，那么这个人就会刻意地把声音降低，并且是无限制地降低，低到连自己听清楚都很困难；如果有一天，另外一个人说他说话声音太低，那么这个人又会调高自己的声音，甚至比原来的声音还要高。

这其实就是一种不自信，并且是一种极度的不自信，也同样是一种不爱自己的表现。长此以往，这类人的心情肯定会变得极度压抑，到一定程度肯定会发泄出来。那么到底该怎么办呢？很简单，爱自己，真心地爱自己，包括爱自己的不完美，爱自己不完美的个性。

任何人都不是完美的，每个人都有缺陷，这些缺陷不仅仅是一个或者是两个，一般有很多。可是这个世界上是不是存在没有一点儿优点的人呢？这也是不可能的事情。无论是谁，只要活着，即便在别人眼里一无是处也都有他存在的价值。这样活着其实是一种勇气，这种勇气非常可贵，特别是对于那些经常感到自卑的人。

他们的经历告诉我们这样一个道理：要想开心地生活，首先要懂得接纳自己。这种接纳是接纳所有的一切，包括你的缺点。只有这样，才能在你心情坏到极点的时候给自己一个安慰。

◎ 我是谁不能由别人决定

20世纪四五十年代，简奈特弗兰在一个道德严谨的村落长大。她从小就胆小怯懦，比如她的兄弟姐妹听到父亲下班的脚踏车声，就会兴高采烈地迎上去要粗糙的糖果，只有她站在远处。如果糖果不够分，肯定是她两手空空。父母经常唉声叹气，唠叨她不正常。

时间久了，她也就相信自己不正常了。上学的时候，她不能像其他孩子一样很快融入新环境，她总是交不到新朋友。为了帮她调整心态，父母不得不一次又一次给她转换学校，但始终没有太大改观。

而且，她还总是用一些奇怪的字眼来描述一些极其琐碎不堪的情绪。家人听不懂她的想法，同学也搞不清楚，老师也认为那只是她的呓语与妄想。

为此，父母也没少带她去看医生。最开始的时候，医生给她的诊断是自闭症；后来，也有诊断为忧郁症的。再后来，她脆弱的神经终于崩溃了，她住进了长期疗养院，又多了一个"精神分裂症"的诊断。她惶恐着、逃避着，默默地接受各种奇奇怪怪的治疗。

医院的日子是落寞而空虚的，好在医院里摆设着一些过期的杂志。有的是教人如何烹饪、裁缝，如何成为淑女的；有的谈一些好莱坞艺人的幸福生活；有的则是写一些深奥的诗词或小说。她没事的时候就翻看，反正闲着也是无聊，她索性就通过那些地址投稿了。

让人意想不到的是，那些在家里、在学校或在医院里，总是被视为不知所云的文字，竟然在一流的文学杂志刊出了。

这让医生有些尴尬，取消了对她"精神病"的治疗。她出院了，并且凭着奖学金出国了。后来在最著名的Maudsly医院，英国精神科医师经过对她两年时间的观察，才慎重地给她开了一张证明没病的诊断书。那一年，她已经34岁了。

一个从小被认为"不正常"的小女孩，被医生诊断为"精神分裂症"的患者，在经过几乎半辈子的时光后，终于挣脱了别人言论的樊笼，成为众所公认的当今新西兰最伟大的作家。由此可见，来自外界的信息暗示对一个人的影响是多么大！

03 | 永远不要贬低自己，也别允许别人这么做

不少女人觉得自己容貌不出众，个头有些矮，既没有杨柳细腰，也没有修长美腿。但是，请不要自怨自艾，再昂贵的化妆品也比不上自信带给你的美丽。自信的女人看上去总是光彩照人，你不仅要杜绝自我贬低，也要提防来自别人的轮番打击。自尊也是你该保持的本色，别让他人的嘲弄磨灭了你的信心。

◎ 是谁偷走了我们的自信

森淼性格温柔，比较内向，而慧慧则是个十分开朗而且很有交际能力的女孩。刚进公司不久，两个人就成了好朋友。

但是没过几天，森淼发现慧慧总爱拿自己开玩笑。哪怕只是买了一件衣服，慧慧都会说："天哪，这是你买的衣服啊？怎么买这种款式的啊？太旧了，还不如多花一点儿钱买当季的呢！"这让森淼的自尊心受到了严重的伤害。每当跟慧慧在一起时，森淼的心情就会莫名其妙地失落。但慧慧的话听上去都像是在开玩笑，所以森淼也不好意思跟她发脾气。

就这样过了几个月后，森淼的生活发生了可怕的变化。只要一照镜子，就会觉得自己的脸特别丑陋，甚至连自己都厌恶自己的容貌。她越来越感到孤独，并且经常莫名地悲伤起来，无论做什么事情都没有信心。就这样，森淼一直没有找到男朋友，工作也变得一团糟。

一天，当慧慧再一次贬低森淼的时候，她终于忍无可忍地做出了反驳，两人为此大吵了一架。此后，她们连续好几周都没有说

话。但奇怪的是，在离开慧慧的这段时间里，森森居然觉得轻松了不少，长久以来的心理压力刹那间都消失无踪了。

这时，森森才明白原来慧慧经常对自己讲的那些玩笑话，与朋友之间的坦诚交往毫无关联，而是在慢慢地腐蚀自己的自信。

生活里，或许你也会遇到像慧慧一样的人。她们表面上看起来没有什么异常，而且善于社交，能给人留下深刻的印象，因此经常在朋友们的聚会中充当召集者。但她们有喜欢贬低别人的毛病，时常有意无意地去伤害一些懦弱单纯的女人，并从中获得明显的优越感和快感。而女人的自信则会在这样一次次的贬低中，被不知不觉地啃食吞噬，渐渐地不再相信自己的美好。

◎　与侵蚀我们自信的人划清界限

俗话说：忠言逆耳利于行。但这种规劝别人的真心话，和攻击性的语言有明显的区别。我们都不是笨蛋，也不缺乏分辨忠言的判断力。那些存心打击我们的人，无论对方用多么亲热的表情和绚丽的玩笑伪装，我们都应该坚决地与其划清界限。

如果别人的话或行为伤害了你的感情，而且不止一次地重复出现，这就说明对方对你没有好感，更谈不上什么真诚相待。那么你就不必瞻前顾后地为了给对方留面子而一忍再忍了，你的忍耐只会害了自己。

还记得风靡一时的漫画电影《Candy》（《糖果》）的主题曲中这样唱道："无论有多么孤独和悲伤，我都不会哭泣，忍耐、忍耐、再忍耐，何必哭泣呢……"当时在观看电影时，还曾为了主角的不幸而黯然神伤，但仔细想想，忍耐正是导致她命运悲苦的原因。

电影里的Candy，无论受到怎样的摧残，都会像歌词所表达的一样被动地"忍耐"。虽然她的忍耐并没有打败恶势力，但至少总会得到王子的安慰。但现实生活中的我们，到哪里去找安慰我们的王子呢?

所以，还是多为自己想想吧。被别人贬低的次数越多，心中的自信就会越少。这不但不会提高你的忍受能力，反而会让你逐渐迷失自我。

如果遇到贬低自己的人，你就应该像被打捞的鱼一样拼命挣扎、跳跃、摆脱束缚，据理力争才算得上是自爱。无论何时，你都该抛弃心中一切泄气的想法，始终相信自己是最好的。

04 不要担心那些没发生的事情

女人总是杞人忧天地去担心一些发生概率极低的事情。其实很多我们担心的事情未必会发生。只要用心感悟，今天的欢乐和忧虑就足以将我们的心填得满满当当了。我们又何必要拿明天的烦恼或者那些根本就不可能发生的事情来折磨自己呢？就像有句话所说的那样：别为了明天忧虑，明天自有明天的忧虑。努力珍惜并过今天的生活吧！人生苦短，毕竟今日无价！

◎ 不要为没发生的事情担心

在没有毕业的时候，你是不是担心找不到工作？找到工作以后，你又担心自己会被解雇，或者为薪水太少而忧虑？终于等到加薪了，但这并没有让你觉得有多快乐，你又在想自己是不是应该朝这个方向继续发展下去，好像比起别的行业来，没什么前途？而且工资的涨幅太低，你开始渴望能有一些存款。好不容易有一点儿存款了，你又在为买房的事愁眉苦脸，或者担心自己嫁不到一个好老公。于是你总觉得非常绝望，觉得你被重重的压力困住，你没有什么理由可以快乐。

这些都还是一些比较正常的想法，最起码它与我们的现实处境是有一定联系的。还有些人甚至会这样想：今天上班的路上会不会遇到车祸呢？我感到有一点儿胸闷，我会不会得了心脏病？天啊！也许过个两三年，等我老了，我的男朋友就会抛弃我的！昨天我最好的朋友都生气不理我了，大概我一辈子都没有朋友了！

为未来早做打算并没有什么坏处，但是一旦错失了分寸，做出杞人忧天的事岂不是很可笑？有些事想得太远，就成了一种无形的压力，会给我们带来许多不必要的烦恼。过多的担忧和焦虑只会让我们沉浸在自己想象的消极画面里，而这些消极的思维倾向将把我们击垮。

富兰克林·皮尔斯曾以失眠做比喻说："失眠者睡不着，因为他们担心会失眠，而他们之所以担心，正因为他们不睡觉！"的确如此，有时候我们过于为一些毫无根据的尚未发生的事情而忧虑恐慌，这实在是太愚蠢的做法。

所以，如果你开始感觉到自己忧虑的情绪，就马上问自己：我在为了什么事情担忧呢？这事情是已经发生了的事情吗？如果是，那就积极地去解决；如果不是，就别为了没发生的事忧虑。

无论多么容易实现的梦想都需要我们一步一步脚踏实地的努力，我们不必在意过去的种种，也不必为将来可能要发生的事情苦恼。只要我们尽可能地做好对将来的准备，坏的事情就可以避免。

虽然还没弄清楚前进的方向，但是你有一份比较稳定的工作，就可以利用业余时间去尝试和发现自己真正的兴趣和才能。虽然你现在还没有足够的钱买房买车，但是别着急，只要按计划存钱，这些都是可以实现的；而且，说不定很快你就会遇到一个很好的赚钱机会。和朋友闹了别扭，诚恳地跟他道歉，即使得不到原谅，你也已经为你们的友情尽力了。相信以诚相待，你会拥有更多的朋友。不必担心你的男朋友会在未来离开你，要一如既往地对自己保持形象和修养上的要求，至少要让自己觉得漂亮，他会更加爱你。

尽快忘掉你那些无谓的忧虑吧，尽情享受此刻的快乐！我们要做的就是把握好现在，稳扎稳打，为将来打下坚实的基础。

◎ 太多的担心无济于事

在一架飞机的机舱内，空姐微笑着给乘客们配发食品。一位中年人在细细品尝，而邻座的女孩却愁眉苦脸地望着窗外。

中年人热情地问："姑娘，怎么不吃点儿？味道挺不错的。"

女孩慢慢地扭过头淡淡地说："谢谢，您慢用，我没胃口。"

"年纪轻轻的怎么会没胃口？是不是遇到什么不开心的事啦？"

面对中年人热心的询问，女孩有些无奈："遇到点麻烦事儿，心情不太好！"

中年人似乎更热心了："如果不介意，说来听听，说出来或许会好一些。"

女孩被这份热情打动了，于是聊起自己的忧虑："昨晚接到男朋友电话，说有急事要和我谈谈。问他有什么事，他也不说，只说见了面再谈。"

中年人听后笑了："这有什么可犯愁的呀？见了面不就全清楚了吗？"

女孩说："可他从来没这么和我说过话。要么是出了什么大事，要么就是有什么变故，也许是想和我分手，电话里不便谈吧！"

中年人笑出声："你小小年纪，想法可不少。也许事情并没有那么严重，是你想得太多了。"

女孩叹道："我总有一种不祥的预感，昨天整个晚上都没睡着。唉，您不是我，也没遇到什么麻烦事，是不能体会我的感受的。"

"你怎么知道我没遇到麻烦事？"中年人笑着说，"我这次是去打官司的，我的公司遇到前所未有的大麻烦，还不知能否胜诉。"

女孩疑惑地问："可您看起来一点儿都不着急。"

中年人回答："说一点儿不急那是不可能的，可急又有什么用呢？谁也不知道事情会发展成什么样，只能到了再说。"

女孩不禁有点佩服起眼前这个人来。很快，飞机降落了，中年人临别给了女孩一张名片，告诉女孩以后有什么事情需要帮忙的话可以找他。

第二天，女孩按照名片上的号码给中年人打了个电话："谢谢您，如您所料，没有任何麻烦。我男朋友给我准备了一个浪漫的迎接仪式，是想给我个惊喜，才出此下策。您的官司打得怎么样？"

中年人笑声爽朗："和你一样，没什么大麻烦。对方已撤诉，我们和平解决。姑娘，我没说错吧？提前担心无济于事，很多事情都得面对了再说。"

在我们中间又有多少如这个女孩一样的女人呢？她们因为每天都有做不完的事，每天都要为了未来处心积虑，费尽心思；她们受到一些现在和过去的影响，以致对不可知的未来产生了极度的恐慌；她们整日忧心忡忡，患得患失，以致让自己活在对未来事情的恐慌中不能自拔。这是多么可怜的一群人呀，何必为一些没有发生的事情烦恼、忧虑呢？这不是自找烦恼吗？

蒙田，一位法国的散文哲学家，曾经写道：我的人生充满了可怕的不幸……而大部分都是从未发生的。

人生中有些事情会让我们觉得不快乐，但有时让我们不快乐的不是我们所要面对的问题，而是那些根本就没有发生只是存在于我们想象里的事情。其实，这些事情90%都不会发生，你又何苦为了这仅占10%的概率而苦苦折磨自己呢？

◎ 别被必然的事情折磨

面对不幸，很多女人往往选择逃避。但是问题并不会因此得到解决。哲学家威廉·詹姆斯说："要乐于承认事情就是这样的情况。能够接受发生的事实，就是能克服随之而来的任何不幸的第一步。"当不幸降临，努力说服自己去接受的女人，才不会让忧伤毁了自己的生活，才能微笑着继续过下去。

任何事物都具有两面性，有利有弊，不可能有利无弊，也不可能有弊无利。聪明的女人，知道分清哪个利大，哪个弊小，从而"择其大舍其小"。当每个人做出选择时，都要争取趋利避弊。只要利大于弊，只要从长远看是如此，就应当舍去暂时"优越"的"小利"，而去追求潜在的有发展前途的"大利"。

如果在选择之前心里有个"准绳"——有利有弊才是真正的现实，利弊相当是幸事——那么就不会因为失去而失落，不会因为得到而狂妄。这样面对生活，心里肯定是坦荡的。

人，一碰到坎坷，免不了抚今追昔。但是，在这种情景下就容易产生消极情绪。

美国前总统尼克松，从政多年，他是20世纪美国历史上因"水门事件"第一位被迫辞职的总统。年过八旬时，他的贤内助永远离开了他，这让他悲痛欲绝。面对事业和个人生活中的不幸，尼克松感慨地说："长寿的秘诀是，不可回首往事，只能向前看。你要找些让你为它生存下去的事，否则便是生命的终结。"正因为如此，他在卸任后埋头笔耕，共写了9部书，其中7部畅销全球。在他看来，过多地回忆，只会给自己带来悲伤，使情绪太过紧张。

从心理学角度来说，回忆是一种心理压力的来源。当然，回忆的滋味，因人而异、因景而异，不过当回忆袭上心头时，总是别有一番滋味。不论是辉煌的过去，还是灰暗的昔日，回忆都不会是一种美好的享受，是甜的已随岁月的流逝而变淡，是苦的更会由于翻老账而变涩。所以，不要回忆往事，你的心里就会轻松许多。

在心理重创中，忧愁无疑是一个罪魁祸首。要想驱赶这个"杀手"，可以采取"以毒攻毒"的方法。

当忧愁袭来时，你可以设想比你更糟糕的境遇，也许你的忧愁就驱散了。这种心理的自卫举措，实际上采用了"以毒攻毒"的方法，当你意识到世上有比你更艰难的情况时，你的心就会豁然开朗起来。

05 该放弃的时候不要留恋

现代社会似乎给我们描绘了一幅前景大好、欣欣向荣的财富画卷，而一个个荡气回肠、神乎其神的成功故事，则更令我们激昂冲动、意乱情迷。于是，在众多海市蜃楼般的诱惑面前，单纯的女人往往会忘却理性的分析和选择，不懂得放弃而执着于自我内心的反复的挑战和尝试。

◎ 对不适合的东西放手

幸福其实是一种心境，它和你拥有多少金钱，住着什么样的房子，开着什么样的车，是没有关系的。每个女孩都应该主动去选择自己喜欢的生活方式，包括你喜欢生活在什么样的城市，喜欢一周工作5天，每天工作8个小时，还是宁愿少赚一点儿钱，但是生活相对悠闲。如果你离不开家乡的几味小菜的话，就不应该出国去，每天愁眉苦脸地吃西餐。

也许在很多大师眼中，坚持是一种征服的力量，一种精神，可是在芸芸众生里，太多无谓的坚持有时只会给生活带来更多的麻烦。而学会对不适合自己的东西放手，就能有柳暗花明的妙处，起到四两拨千斤的作用。

但很多时候你内心的蠢蠢欲动都被你一直压抑着。也许你会安慰自己说：过段时间就不会有这种感觉了。可事情往往是，时间日复一日地逝去，你内心的渴望却越来越强烈。不要拖延了，拖延得越久你就越放不下现有的东西。

你会放弃每天向老板报到，月底看着工资卡里面渐长的数字，偷笑着盘算该如何去花的安稳日子吗？你会放弃身边朋友羡慕的眼光吗？一个收入稳定的白领女孩放弃一切而投入对梦想的追逐中，这的确需要莫大的勇气。

但人生就是这样，总是有许多矛盾的东西。有的东西，一直想要，几经周折拥有后，却发现它并非自己真正想要的；还有的东西，一直拥有，几经思考放弃后，才明白它就是那个你一直追寻的目标。有的东西很远，你却要努力想象成就在身边；有的东西很近，你却浑然不觉它的重要，一心想要逃离它的怀抱。

生活中，你不可能什么都得到，所以你应该学会放弃。

学会放弃，在落泪前转身离去，用泪水换来的东西是不牢靠的；学会放弃，将昨天埋在心底，留下最美好的回忆；学会放弃，让彼此都能有个更轻松的开始。既然你已尽力，却仍无法挽回，那么，你就应该学会放弃。抓着不放，只会让你一味沉溺于回忆和痛苦中以致萎靡不振。一个女人倘若将一生中属于自己的和不属于自己的都背负在身，那么纵使她有一副铁骨，也会被压倒在地。放开手，让它随记忆的风逝去吧！你会发现另一片天地，芳草萋萋，花开正浓。

女人需要学会放弃，放弃费精力的争吵，放弃没完没了的解释，放弃对权力的角逐，放弃对金钱的贪婪，放弃对虚名的争夺……凡是次要的、枝节的、多余的，都应放弃。人生百态，以一颗成熟的心去品味生活，总会得到更多的惊喜！

◎　要有从头再来的勇气

"超女"尚雯婕毕业于复旦大学外语系，刚刚毕业的她就获得了令众多人羡慕的高薪职位。然而，她一直都没有忘记心中那个狂热的梦想——音乐，她的生命里不能没有音乐。

当"超级女声"的选拔拉开帷幕时，她毅然辞去高薪工作，全力以赴地投入到自己的追梦旅途。"超女"帮助她实现了长久以来的音乐梦想，虽然尚雯婕不漂亮，也没有显赫的家世，但音乐让她活得比以前更加快乐和充实。

尚雯婕可能很早就想明白了，只有追寻内心最蠢蠢欲动的梦想，才能获得最大的自由。但是真正放开去追逐，却是在她作为普通人在学业、职业上取得初步的成功之后。

同是"超女"的许飞则是放弃了父母的呵护和家庭的庇佑，只身"北漂"，为了同样的音乐梦想放弃了大多数女孩最珍视的东西。相对尚雯婕而言，许飞是幸福的，因为她在没有太多需要顾虑的年龄时就毅然做出了选择；而尚雯婕为了追逐梦想，放弃了太多东西。但是她们都没有后悔，因为她们都获得了比之前更让自己心动的东西。

可是，在不断赶路的过程中，你有没有想过，你终究想要什么样的生活呢？月薪6000元的工作能让你开心吗？100多平方米的房子能让你有安全感吗？你对自己现在的生活打多少分？6分？8分？或者更多，甚至更少？当你对自己的生活方式不满意的时候，你想过改变吗？当大家都用尽全力向着大城市猛扎，都以不惜牺牲健康来换取高薪的时候，你有没有想过这是不是你想要的生活？

如果努力争取的东西与目标无关，或者目前拥有的东西已成为负累，或者劣势大于优势，那么还不如放弃。当你放弃了本不该属于你的东西，你可能会突然发现，你已经拥有了你曾争取过而又未得到的东西。"放弃有时比争取更有意义"，这是由美国电话电报公司前总裁卡贝提出的卡贝定律。

这条定律告诉我们：在未学会放弃之前，你将很难懂得什么是争取。女人应该懂得，适当的放弃会让你收获更多。

◎　消费不攀比

在生活上与别人攀比，是很容易陷进"不平衡"的心理陷阱的。

国外有一位富商，积攒了上亿财富，但他有一个生活信条：过比收入低的日子。为什么拥有大量财产，却要"清贫"呢？他认为，钱多也是一种压力，过比收入低的日子，不仅仅是"节俭"，更是求得心理平衡。豪华是没有限度的，而保持"低一个档次"的生活要求，舍去攀比的心理冲突，这样反倒惬意。

现在很多女人都有很强的攀比心理，职位一定要比别人高，薪水一定要比别人多，生活档次一定要比别人高，等等，结果弄得心理始终处于紧张状态。

其实，舍去一些不切实际的追求目标，可以免去许多的心理压力，心有余而力不足却要拼命追求，那只会让自己疲惫不堪。

06 成功属于有梦想和会感恩的女人

一边是现实，一边是梦想。
一边是理智，一边是疯狂。

我们的人生只有一次，你会如
何选择？

◎ 我们的人生只有一次

我认识一个姑娘，她长得很漂亮，但人生并没有给她很多优待。她出生于一个特殊家庭，她的父亲经常流连于不法场所，喜欢酗酒，一喝醉就会回家打她的母亲，家庭不和睦就注定了她的成长之路走得坎坷。

她在15岁的时候辍学独自去北京打拼，因为长得好看，经人介绍她做了模特圈最底层的模特。据她回忆，那个时候为了赚取微薄的生活费，她要参加拍摄到凌晨两点，大冬天一个人伴着路灯走回来。那时为了省钱，租不起较好的房子，只能蜗居地下室。

"每次半夜回家，都是我最害怕的时候，因为那段路没有路灯，踩着高跟鞋走在坎坷的小路上，身后传来的是自己脚步的回声。我常常以为有人在后面跟踪，害怕遭遇什么不测，所以我就在大冬天脱了鞋子狂奔。"

赤脚踩在冰冷的地面上，是她最痛苦的回忆。她说："那个时候我就想，一定要成名，一定要赚很多钱，离开这个地方。"她不希望自己一辈子就这样碌碌无为地活下去。

在之后的三年，她在工作的过程中一边攒钱学英语，一边准备自费留学。因为会画画，她自修了服装设计这一专业，由于成绩出色，被英国一所学校破格录取。

　　她终于从一个普通北漂姑娘，获得了继续学习进修的机会。在英国念书的那两年，是她最开心的日子："我觉得我终于像个人了，我用自己的努力改变了生活，我觉得我离梦想又近了一步。"

　　我与她认识是在她从英国回来后，她向我请教一些写作上的问题，而我则倾听着她对未来的计划："前阵子我参加了一场海选，已经成功入围，相信不久后就会有结果了。"

　　再之后，这姑娘传来了出国的消息，她已经在韩国成为一名娱乐公司的练习生。

　　"前辈们都很辛苦，经过几年练习才会出道，现在在学习歌舞和韩语，相信我可以的。"

　　我也觉得她可以，多年前她那个成为明星的梦想，终会实现。她也可以不用再住回那种可怕的地方。

　　在她身上，我看到了作为平凡女孩的蜕变，梦想并不是奢侈品，只要我们努力，就可以实现。有梦想的女人一般都比没有梦想的人走得更远。因为她们想要的东西多，就必须更努力；想要实现梦想，就需要更加拼命地奔跑。

　　一个有梦想的女人是充实的。她因为有追求，所以对待生活有着积极向上、乐观的心态；因为对自己的人生有规划与期待，所以又会格外认真努力地生活。

　　"因为有梦想，所以我知道一切得来不易，也让我懂得了感恩，更懂得珍惜。"提起当初那段艰辛的时日，她常常这般感慨。

　　因为感恩，她把这种对世间万物的感谢又转化为新的动力，每当自己觉得辛苦，受到委屈的时候，她就告诉自己，如今一切都是上天赐予的，她就不气馁了，而更加拼命地去努力，去感受美好，去认真生活。

　　认真的女人是最美丽的，为工作、人生而奋斗的女人更美丽。

有梦想的女人会神采奕奕地做事，不虚度岁月。梦想还会给人插上一双隐形的翅膀，能让我们飞得又高又远。

◎ 幸福属于有梦想又懂感恩的人

有一位名人说过："一位容易获得幸福的女人，她一定是个有梦想又懂得感恩的女人。"

女人有了梦想，才不会庸碌地生活，让自己陷入无止境的抱怨中。不会总沉迷于柴米油盐酱醋茶，沦陷于邻里八卦。懂得感恩的女人，一定都具备发现生活中美好事物的能力，一般这样的女人更善于发现别人对她的好。她们懂得感恩、会欣喜，如此一来就会以更加诚挚的心去对待他人，对待生活。

长久下去，良性循环，她们一定能够更加从容地满是爱心的与身边的人相处，也势必会有个更加和谐美满的生活环境。

当一个人心中满是温情、认真地生活，一定会收获更温暖的感情回报。她们不随意怨天尤人，不认为所有的挫折都是命运对她们的不公。对于她们来说，有个幸福美满的生活是必然的，这是一种深远的人生境界。

上天不会亏待任何一个有梦想并为之奋斗和努力的人，拥有一个梦想，会让我们的人生更加有意义，而懂得感恩，则会让我们拥有一个更加幸福的人生。

做一个有涵养的女人，我们需要树立我们的梦想，善于感恩，提高自我修养与内涵。

人人都爱积极向上，懂得处世、懂得感恩的女人，让我们做个智慧的人生赢家吧！

CHAPTER 2

靠眼泪无法做到的事，只能靠努力去实现

01 别做被温水煮的青蛙

看似稳定的工作、听起来美好的头衔，往往令单纯的女人迷失方向。"高管"头衔比比皆是，含金量的差异却是很大的。聪明的女人总能敏锐地发现这一点。

◎ 不要迷失在头衔光环下

很多女员工在原来的公司有着"经理""主管"头衔，跳槽时，自然而然会有下一家公司给的职位不能低于以前的级别的想法。在跳槽后进入下一家公司的时候，当你发现现在的职位不如以前高，往往不愿"委曲求全"时，你要想到职业含金量，这是衡量工作价值的标准。不要觉得比你们前一个岗位低的职位，就有损你们的自尊心。现在许多大公司和知名企业并不轻易承认那些"高管"头衔，他们关心的，是求职者的具体职责。

"你在以前的公司具体做哪些工作？取得什么样的成效？"这是企业在招聘的时候最关心的话题，他们绝不会关心"你在前一个公司的头衔是什么"。

猎头顾问曾指出：从他们的工作经验得知，不同的工作领域，相同的工作性质，它的职业含金量也不同。许多小型企业的"经理""总监"所做的工作，所承担的职责，还比不上一个大型企业里的普通职员。"高管"头衔比比皆是，含金量的差异却是很大的。如果一个做财务管理的人，在一家大型工业企业，就算是一个普通职员，能够学到的东西也一定强于在一般零售业里的财务管理人员。

高级职场白领应把眼光放在企业的发展空间，能否给员工提供福利、培训等优良条件上。这些，远比形式上的"头衔"更加实惠，而且能够为你以后的创业积累足够的职业含金量，从而使你的职业生涯再上一个台阶。

另外，要提升自己的含金量，就必须注意在上司心目中的形象。很多女性到公司很长时间了，在同事面前做事有条有理，但在上司面前手忙脚乱，做事乱了"章法"。怎样塑造在上司心目中的形象呢?

反应要快

上司的时间比你的时间宝贵，不管他临时指派了什么工作给你，都比你手头上的工作来得重要，接到任务后要迅速准确及时完成，给上司留下反应敏捷的印象是用金钱也买不到的。

说话谨慎

工作中的机密必须守口如瓶。

保持冷静

面对任何困境都能处之泰然的人，一开始就取得了优势。老板和客户不仅钦佩那些面对危机声色不变的人，更欣赏能妥善解决问题的人。

勇于承担压力与责任

不要总是以"这不是我分内的工作"为由来逃避责任。当额外的工作指派到你头上时，不妨视之为一种机遇。

提前上班

别以为没人注意到你的出勤情况，上司可全都睁着眼睛在瞧着呢!如果能提早一点儿到公司，就显得你很重视这份工作。

善于学习

要想成为一个成功的人，树立终身学习的观念是必要的。

别对未来预期太乐观

千万别期盼所有的事情都会照你的计划发展，要有受挫的心理准备。

苦中求乐

不管你接受的工作多么艰巨，即使鞠躬尽瘁也要做好，千万别表现出你做不来或不知从何入手的样子。

◎ 取得一些必要的证书

能力再强，总需要证明，这时一纸证书往往会帮上你的忙。如今的证书可以说是五花八门，但是，归结起来，大约就是下面的几种。

语言资格语书

MSE：剑桥英语五级证书，对应试者英语听、说、读、写能力进行考查的考试。

BEC：剑桥商务英语证书，考查考生在商务方面的英语实际运用能力。

CETTI：翻译资格证书考试。

还有外语口译资格证书、英语商贸翻译证书和英语商贸文书写作技能证书等等。

如果有了上述任何一种，恭喜你哦！因为英语可能是你最常用的外语，有语言才有交流。没有的，去考一个来吧。

技术证书

NIT：全国计算机应用技术证书。

ACCP：软件工程师。

微软系列的证书

MCP：微软认证专家——证明至少对一种微软操作系统有深入了解的人。

MCSE：系统工程师。

MCDBA：数据库管理员。

MCSD：方案开发专家。

电子商务师

NCNE：国家网络技术水平考试。

其他职业资格证书

IPMP：对项目管理人员知识、能力及经验的认可和证明，表明其在行业内的等级水平。

NVQ：中英职业资格证书合作项目NVQ企业行政管理证书。

ACCA：英国特许公认会计师工会推行的资格认证，培养国际性的高级财务管理专家。

此外，还有注册会计师证书、律师资格证书、翻译导游业证书、网络规划的CAN和CNE证书、广告设计的ColorDraw、PhotoShop等三维或动画软件方面的国际认证等等。

金融类证书

精算师资格考试：ASA(准精算师)和FSA（正精算师）。

CFA：特许金融分析师。

单纯的女人们，你们可以鄙视这些证书，但不能否认有时候它们就是比几张纸的简历和满篇废话管用，为了谋生，这些东西还是取得几个为好。

◎ 需要远离的 8 项职场弱点

基层员工想升为主管，基层主管希望更上一层楼。但是，有些人就是没办法成功。而且，往往许多才华洋溢的人，因为某些个性特质，在迈向成功的关口时无法突破瓶颈，获得成功。因此，如果你想要获得成功，就应该注意避免下面所说的职场弱点。

要求太严格

要求自己是英雄，要求别人也达到她的水平。在工作上，要求自己与部属"更多、更快、更好"。结果，她的部属筋疲力尽，离职率节节升高。这种人从小就被灌输了"你可以做得更好",所以不停地工作,一停下来就觉得空虚。

★对策:"己所不欲,勿施于人"。同样的,"己之所欲,勿施于人"。要知道,任何人都是不同的。作为主管,千万不能将自己的意志强加给下面的员工。

一心击出全垒打

这种人过度自信、急于成功,一天到晚梦想击出全垒打。对工作缺乏切合实际的判断,找工作时,非名企免谈。过度的自信使他们成了常败将军。

★对策:这种"高不成低不就"的心态是永远也没办法成功的。不妨先"低就",积累经验转为优秀的职业人,让自己在磨炼后逐渐走向理想的"高成"。

和平至上

这种人不惜一切代价,避免冲突。其实,不同意见与冲突,反而可以激发活力与创造力。回避冲突的人可能被部属或其他部门看扁。为了维持和平,她们压抑感情,结果严重缺乏面对及解决冲突的能力,这种无能还蔓延到她生活的各个方面。

★对策:在狮群中,如果你是斑马,至少也要假装成一只狮子,才不会被吃掉。

迷失方向

她们觉得自己失去了生涯的方向。"我走的路到底对不对?"她们开始怀疑。她们觉得无力,自己的角色可有可无,跟不上别人,没有归属感,害怕挫折。

★对策:应该重新找出自己的价值与关心的事情,因为,这是一个人生命的最终本质。

永远觉得不够好

这种人患有"事业恐高症"。虽然聪明,有历练,但一旦被提拔，反而毫无自信，觉得自己能力不够，她们没有往上爬的野心，觉得自己的职位已经太高。这种自我破坏与自我限制的、无意识的行为往往会让企业付出很大的代价。

★对策：扭转这种自我否定的负面意识，其实自己被提拔本身就已经说明了这样一个问题，并不是自己没有能力，而是自己否认自己有这种能力。

非黑即白看世界

她们眼中的世界非黑即白，相信一切事物都应该像有标准答案的考试一样。她们自觉地捍卫信念、坚持原则，但是这些原则可能根本没那么重要。这种人僵化，很难与人相处。

★对策：如果自己是这样的性格，最好远离那些需要灵活应变的职位，这样才能够适应自己的发展。

恐惧当家

典型的悲观论者，杞人忧天。采取行动之前，会想象一切负面的结果，感到焦虑不安。这种人往往会遇事拖延。

★对策：其实我们唯一害怕的，是害怕本身。这种人必须训练自己，抑制心中的恐惧，让自己变得更有行动力。

眼高手低

她们常说"这些工作真无聊"，但是，她们内心的真正感觉是"我做不好任何工作"。她们希望年纪轻轻就功成名就，但是又不喜欢学习、求助或征询意见。因为这样会被人以为她们"不胜任"，所以她们只好装懂。而且，她们要求完美而导致工作严重拖延。

★对策：这种人必须自我检讨，并且学会失败。因为，失败是成功的伙伴。

02 | 该你的利益，你为什么不去争取

争，是女人应该树立的正面思维与态度。很多人不是缺少为自己去争取更多利益的勇气和技巧，而是缺少这种意识，这跟我们长期受到的"谦让"教育和"低调"处世的社会价值观有很大关系。可是时代早变了，缺少主动争取思维的人，不仅在维护自己利益时被动，在为人处世的各方面都会落于人后。

◎ 去争取，不可能的会变可能

国外做过一个社会学实验，研究者从各行各业的志愿者中随机抽取了100位不同职位的人，将这些人带进一个偏远的小村落里，考验他们的野外生存能力。其中50%的人，完全听从研究组的要求，进入村落后就各自去想生计了。有40%的人，向研究组询问，以争取一些更好的设备和器具，在得到否定的答复后，也摇头离去。只有10%的人，没有被研究组轻易打发掉，他们反复向研究组询问各种可能争取到的便利条件，直到将研究组问得不耐烦，最后获得他们想要的东西——或是一个指南针，或是一个打火机，也可能是一盏探照灯。

看似都是些日常生活中的小玩意儿，但在野外，这些小玩意儿就显得价值连城。更重要的是，这种积极为自己争取合理利益的态度并不是所有人都具有的。研究者后来调出这10个人的资料看时，发现这10个人中有8个都是团队中的领导者。而没有进行过任何"讨价还价"看似很顺从的那50个人中，几乎全是基层的工作者。这项实验证明了，有积极争取精神的人，更容易成为一个领导者。

　　笔者在做心理辅导时，接触过许多不同行业、不同阶层的人，谈到对一些模糊利益的争取时，比如餐费补助、年假、婚假天数、公积金缴费额度等，好多人都表示从来没有争取过，老板给多少就是多少，有些甚至距离国家规定的限度还有很大距离。我问："为什么不尝试争取一下呢？"一部分人说害怕一争取丢掉工作机会，一部分人说没有意识到还可以去争取这些福利，还有一部分人说是因为不好意思，不好意思还没进公司就先开口索要条件。这种心理是完全没有必要的，用人公司在招聘的过程中确实更有主动权，但你也不能完全将自己置于被动的位置，放弃对自己利益的保护和索取。要知道，面试更多的时候是一个谈判的过程，双方是一个双向选择的过程，谈条件只是谈判的一个必要环节，没有什么可不好意思的。即便你要求的条件谈不拢，也并不代表面试一定会失败。用人单位如果确实认为你是他们需要的人才的话，是会尽可能地满足你的条件的；即使在某个方面不能满足，也会在其他方面试着给你一些补偿，总之他们不会轻易放弃一个他们看中的人。这跟谈恋爱找对象是一个道理，你很中意一个人，你会因为满足不了她的一些条件就轻易放弃吗？反过来讲，如果用人单位没有相中你这个人，他们不认为你的能力满足了他们的需求，那么即使你把自己的条件降得再低也未必能成功应聘。

　　因此，该去争取自己利益的时候，一定要摒弃"不好意思"的心理。你去争取了，哪怕只是去尝试一下，也有实现的可能，如若你连试着问一下的举动都没有，那正中老板和HR（人力资源管理人员）们的下怀，他们最喜欢的就是埋头苦干不问收益的员工。

　　这里限于篇幅，我们只列举了在职场中积极争取利益的例子。实际上在我们生活中有很多场合需要你为了保护自己的合理利益而积极争取；否则，如果你回头盘算的话，会发现自己常处于被蚕食的状态，虽然可能只是每次蚕食一小口。因为一小口不易被你察觉，即便察觉，可能这一小口也无法刺激到你的愤怒点，因此，你的利益就这么一小口一小口地损失掉了。

◎ 争取背后的谈判思维

积极争取的背后是一种"谈判"和"协商"的意识。笔者有个山西朋友，大概受晋商祖辈的影响，天生具有谈判和协商意识，总是能够在争执中，找到双方的利益与心理的平衡点，比如当你对他说：明天去你家吃晚饭吧？因为他是个非常小气但爱热闹的人，他希望有人来找他玩，但让他白白请别人吃顿饭，他又觉得太吃亏了。于是他会想一想然后说，那你提着肉来吧。他总是能在纠结的关头想出一个折中的方案，这里我们不探讨这种对待朋友的方式是否正确，这种思维方式无疑是一种积极争取的谈判思维。

在一本讲述谈判技巧的畅销书《沃顿商学院最受欢迎的谈判课》中，作者斯图尔特·戴蒙德（世界一流的谈判专家、哈佛大学法学博士、沃顿商学院工商管理硕士）讲了这样一个故事：他的一位学员有一次赶飞机时，去得有点儿晚，跑到登机口时，登机通道已经关闭了。这位学员气喘吁吁地对登机口的工作人员说："等等，我们还没登机。"登机人员抱歉地说："登机时间已经过了。"学员解释说，自己的转乘航班10分钟前才刚到，机组工作人员答应她会提前通知登机口。但，登机口的工作人员还是坚决不允许他们登机。

这位学员当时的心情可谓失落到了极点，计划好的旅行就要泡汤了。透过玻璃窗看着飞机停在眼前，却不能登机。这位学员想了一下，然后领着男朋友来到玻璃窗正中的位置，这个位置正对着飞机驾驶员的座舱。学员全神贯注地注视着飞机驾驶员，希望引起他们的注意。

　　她的坚持和付出很快得到了回报，一名飞机驾驶员抬起了头，当他看到这位学员和她的男友可怜巴巴地站在玻璃窗前，眼里充满了悲伤和哀求时，他的嘴唇动了几下，他身边的驾驶员这时也抬起了头。她又充满渴望地紧紧盯着他的眼睛，只见他点了点头。随之，飞机引擎嗡嗡的轰鸣声逐渐缓和了下来，不远处传来了登机口工作人员的电话铃声，接了电话后，工作人员朝他们喊道："飞机驾驶员让你们快点登机！"她和男友最终开心地登上了飞机。

　　相信我们很多人在生活中遇到过类似的事件，可能你赶的是火车、公交车，或是遇到其他什么事，当工作人员拒绝你时，大多数时候你可能就放弃了吧？对于别人来说，损失你一个顾客并不算什么损失，但对你来说，可能损失的不仅仅是时间。所以，该为自己争取利益的时候，一定要脸皮厚一点儿，自己要给自己壮壮胆，当你吃到里面的"甜头"时，以后你就会热衷于这种行为。

◎　怎样培养 "争取"思维和谈判技巧？

　　谈判是人类交际活动的核心内容之一。它贯穿在生活中的各个角落，只要有人类交际活动，谈判必然会存在，言语的或非言语的，有意识的或无意识的。谈判技巧也并不神秘，都是可以后天学习和培养的，具有这种谈判思维和能力的人，往往能更好地掌控自己的生活和工作。不具有这种思维和能力的人，说明你为人比较豁达、宽厚，如果你觉得可以从你目前的生活方式中获得很多快乐和满足，你就可以坚持你的处世原则，我们只是提供一种生活方式供你参考罢了。

　　任何意识的培养、技能的学习都要从身边的小事开始。要培养自己的"争取"思维和谈判技巧，菜市场无疑是个绝佳的地方，你每次去那里都会遇到极具价值的锻炼机会。比如买三个西红柿两块二毛钱，你可以跟老板说：两块钱得了，没零钱了。要知道，菜市场的菜贩每天都要跟各种各样的人打交道，也要为维护和争取他们的利益想方设法不给你"打折"，他们一个个都是藏匿于民间的谈判高手，是你最佳的谈判切磋对象。不要觉得每次为两三毛钱跟小贩们大费口舌不值得，要知道，你为的并非是眼前这两三毛钱，为的是树立一种积极的意识，消除自己性格中负面的"不好意思"心理。

争取自己的利益时，要把攻坚的重点放在决策者身上，而不要将时间浪费在无关紧要的人身上。比如买菜时，如果卖菜的老大爷根本不当家，旁边坐着的老大娘才是家里一言九鼎的人，那你就该想办法直接跟掌权者对话，这样你才有机会争取到你想要的东西。

当你想为自己争取利益时，要知道你对面的人也不是傻子，人家也要为守住自己的利益而战，因此对方会找各种借口跟你兜圈子，打消你的想法，转移你的关注点。这时你一定要保持冷静的头脑，专注于自己的目标，不要被别人牵着鼻子走，绕来绕去最后以一些虚无的承诺打发了你。

03 | 学历不代表一切，让自己全面发展

很多有知识的女性单纯地认为做好自己就行了，但现实并非如此。身处职场的现代女性，凭借在校学习的专业知识，以及工作后的不断"充电"，拥有了多个领域的知识和经验，这些对她们的职场竞争确实起到了很大作用，以至于很多知识女性认为：只要有足够丰富的知识，就可以在职场游刃有余。可是现实往往并不简单。女人们要想成为真正的人生赢家，就应该摒弃这种想法，就要重视以下几方面。

◎ 不能过于重视学历

不少知识女性由于本身的学历比较高，很容易对比自己学历低的男性产生一种居高临下的态度。

她们不仅在择偶时要求对方的学历比自己高，甚至交友的时候都会不自觉地选择那些学历和自己相同或者比自己高的人。

实际上，学历只是一种专业需求，而专业也不过是一种职业选择而已，与一个人的性格、品德乃至成就都没有必要的联系。过于注重学历而不知道修养的重要性，实际上是一种故步自封的态度。这样不但缩小了自己的交友圈子，还给自己设置了一个障碍。同时在人际交往中，这种态度还会让你被别人孤立起来。

另外要提醒大家的是，要在职场达到平衡，重能力也要重关系。现代社会是一个充满关系的社会，很多时候，关系的重要性不亚于能力。高学历的女人因为自身的能力比较出众，自然会重视能力这种个人实力，而对那些关系网络密集、能力巨大的人看不顺眼。在生活中，关系尤其不能等闲视之。

◎ 女人要重视美貌的价值

知识女性往往认为：女人活在世上只靠相貌是不行的，那些以相貌论成败的观点都是不公正的偏见。女人要想在社会和家庭，尤其在男人心目中立足，立得牢靠和长久，首先要考虑的是自身的人格、文化、学识、才华和个性修养，其次才轮到相貌。这才是女人处世的立身之本。

不可否认，这样的观点是正确的，但是，女人若有了一张讨人喜欢的脸蛋和令人羡慕的身材，那就拥有了更多成功的资本。

而且对于年轻的知识女性来说，只要稍微注意打扮，就可以更加容光焕发、光彩照人。所以，现代知识女性虽然本身有相当的才华，但也不可忽视美貌的价值。

◎ 重事业也重家庭

生活要幸福美满，固然需要事业的支持，没有事业就没有家庭，但是为了事业而忽略家庭的事例屡见不鲜。尤其是一些"精品"女人，因为自身是单位、公司的重量级人物，责任重大，往往会在事业中消耗过多时间和精力，这就成了家庭幸福的潜在威胁。

所以，知识女性要学会在事业与家庭之间选好支点，让两者兼顾与平衡，才能获得真正的幸福。

04 ┃ 永远在学习，永远在前进

很多女性在生活稳定后忘了努力，学习如逆水行舟，不进则退。职场也是如此，不及时充电就会让自己贬值。其实，你要做的就是找好充电的切入点：一是职业所需的实用知识，二是加强提高工作能力的实践。不充电生活就不够丰富，不充电迟早落伍。

◎ 不做易碎的花瓶，就要不断充实自己

20世纪90年代初，杨澜在中央电视台担任《正大综艺》主持人后，红遍大江南北。但她却在事业的巅峰之际选择了出国学习。四年磨一剑，后来加盟凤凰卫视，随后创办阳光卫视，担任申奥形象大使，获得了她那个年龄能够获得的所有成就与美誉。任谁提到杨澜这个名字，都会想到这是一个睿智聪慧的女子，而非一个花瓶。

从《京华烟云》到《青花》，温婉的赵雅芝一直光彩照人地美丽着，有谁想到她生于1954年，并且已经是三个孩子的母亲呢？岁月流逝，气韵犹存，那婉约的书卷气，令人怦然心动，仿佛她真是那西湖岸边的白娘子，可以演绎不老的美丽。

在娱乐圈里说到知性美，无疑要提到刘若英。她不仅是歌手，亦是创作人、作曲、写歌，还尝试文字创作。她虽没有非常漂亮的脸蛋，却像她的绰号"奶茶"一样，美得含蓄而不容忽视。

有人说："书，是女人最好的饰品。"因此，无论有多少个理由，作为一个现代女性，一个期待精彩人生的女性，书是一定要看的，而且看得越多越好。因为书会使你从骨子里提升品位，教你如何做一个知识女人。

因此，注重内在知识的丰富、智慧的修养对现代女性来说是至关重要的。30岁前的相貌是天生的，30岁后的相貌是后天培养的。你所经历的一切，将毫无保留地写在脸上，每天智慧一点点，自己便不断地得到滋润。红颜易逝，但智慧可以永存。

◎ 读书，不仅仅是做样子

书籍是人类的精神财富，书籍更是女人的最佳美容品。读书带给女人思考；读书带给女人智慧；读书会使女人空荡荡的漂亮大眼睛里变得层次丰富、色彩缤纷；读书教会女人在笑的时候笑，在忧伤的时候忧伤；读书还使女人明白自身的价值、家庭的含意，明白女人真正的美丽在哪里。

"读史使人明智，读诗使人灵秀，数学使人周密，自然哲学使人精邃，伦理学使人庄重，逻辑修辞学使人善辩。"培根在《随笔录·论读书》中写出了读书的益处。晚清民初著名学者王国维曾借用三句宋词概括了治学的三种境界：第一境界，"昨夜西风凋碧树，独上高楼，望尽天涯路"；第二境界，"衣带渐宽终不悔，为伊消得人憔悴"；第三境界，"众里寻他千百度，蓦然回首，那人却在灯火阑珊处"。由此可见，读书学习只有甘于寂寞，不怕孤独，日积月累，持之以恒，才能到达"灯火阑珊"的境界。

喜欢读书的女人内心是一幅内涵丰富的画，文字可以书写性情、陶冶情操。喜欢读书的女人常常是有修养、有素质的女人。一个女人最吸引人的地方就在于她丰富的内心世界，以及表露出来的优雅气质。"书中自有黄金屋，书中自有颜如玉。"岁月的流逝可以带走姣好的容颜，却无法带走女人越来越美丽和优雅的心灵。书籍，是女人永不过时的生命保鲜剂。

世界有十分美丽，但如果没有女人，将失掉七分色彩；女人有十分美丽，但如果远离书籍，将失掉七分内蕴。读书的女人是美丽的，"腹有诗书气自华"。书一本一本被女人读下肚的时候，书中的内容便化成营养从身体里面滋润着女人，由此女人的面貌开始焕发出迷人的光彩。那光彩优雅而绝不显山露水，那光彩经得起时间的冲刷，经得起岁月的腐蚀，更加经得起人们一次次地细读。正因为如此，你将不再畏惧年龄，不会因为几丝小小的皱纹而苦恼。因为你已经拥有了一颗属于自己的智慧心灵，有自己丰富的情感体验。你生活中的点点滴滴，将会书香四溢。

在社会生活中，女性的生存空间比男性的狭小，所以女性更需要博览群书，以放眼世界。而且在广泛阅读的同时，还要善于思考，不盲从，也不偏执，这样才能培养一颗丰富和广博的心灵。

另外，读书时不要把范围局限在某一类。男人能看的书，女人都应该看，如文学、军事、政治、传记、历史类等。

因为，书是改变一个人最有效的力量之一；书是带着人类从蛮荒到启蒙的捷径；书还是女人修炼魅力之路上最值得信赖的伙伴。

做一个爱读书的女人吧，读书的女人才能永远美丽。

◎ 不断给自己充电

熙熙工作以后一直放纵自己，玩游戏、逛商场、旅行，就是不学习。刚开始她的工作还能很好地完成，但是随着高学历新同事的不断加入，随着老同事的不断学习，她的压力越来越大。

面临强大的职场压力，想要稳定立足，就要具备各种能力。你随时会发现自己的不足，针对实际工作的需要，你要充充电了。

修养充电：生活品位

这是一种并不直接但对人有潜移默化影响的充电形式。女性事业成功，但并不意味着她们就拥有了完美的生活，追求完美的女子希望自己从声音、体态到品位、艺术修养以及社交等方面得到全方位的完善。健身、茶道、插花、唱歌、跳舞……修养充电是女性的新生！

高端充电：学当老板

无论你想是当部门经理，还是想自己开辟一番新天地，参加高端充电，学习管理都是必不可少的。

随性充电：做个有心人

随用随学。心思细腻敏捷的你要随时随地留心身边的人和事，学会发现生活中的亮点，并注意总结别人的成功经验，然后拿来为自己所用，这可能是生活和工作中能让自己进步最快的一招。

另外，为了更顺利地适应自己的工作岗位，你越来越需要进行充电以便补充相应的能力。为了更好地实现自己的目标，下面的这些"秘籍"或许对你很有帮助。

（1）读一个培训班的花费从几百元到几千元不等，看你报的科目以及培训时间的长短。比如学习电脑制图大约需要3000元。英语的各类培训班因课时长短和不同等级收费标准也不同。报名前先做好经济开支的计划。

（2）选办班口碑比较好的学校，以免进个名不副实的培训班，辛苦几个月却收获不大。

（3）依据个人时间安排、个人在本领域的起点，考虑需要达到的水平，选择适合自己的培训班来读，切不要好高骛远，最后白白浪费金钱。

（4）充电是在业余时间给繁忙的生活又加了码，要注意在学习之余好好休息，尽量不要选择离住处太远的学校，免得太辛苦。要知道，健康是一切之本。

05 ┃ 别让压力摧毁了你的生活

有句话概括得很好：这个世界有太多的欲望，也就有了太多的欲望满足不了的痛苦。因为有欲望，所以有压力，无论这些欲望是一种身体上的欲望还是精神上、心灵上的欲望，都会让自己背上重重的负担。过分感性的女人喜欢钻牛角尖。她们往往是饱受压力折磨的人群。女人要学会定时给自己减压。

◎ 记得定时给身心解压

宠爱自己就是给自己解除压力。经常给自己修修指甲、享受一顿美食、改变一次发型等都会有意想不到的效果；不论何时，提醒自己做一个长长的深呼吸是一个快速的"美丽秘诀"；告诫自己把事情看开一些，把那些不必要的压力阻挡在身体之外。阻挡压力总比释放压力来得轻松，压力很多时候是通过眼睛传输到脑中的，因此很多时候，我们不妨"闭着眼睛"生活。学会将压力抛弃在办公室和家之间的路上，任它随风飘散；学会哭泣，眼泪很多时候也是冲洗压力的一种媒介。

那么，什么样的症状表明该给自己的身体减压了呢？换句话说，压力到底是一种什么样的表现呢？很简单，心跳加快、出汗增多，经常性口干、发苦，手脚发凉，食欲不振，失眠或者是睡眠质量不佳，等，都是压力大的表现。从这些症状看，每一条都会影响人们的正常生活。解决这些麻烦的唯一办法就是给自己的身体释放压力，还自己的身体一个轻松、美好的心态。

释放身体的压力有很多种方法，我们可以根据自己生活习惯的不同进行自由选择，如散步、旅游、和朋友聚会、和家人聊天、写日记、锻炼身体、看书或者是看电视，甚至是到农村去参加一次农业劳动……无论是以什么样的方式来释放自己的压力，最终目的都是让自己变得身心愉快，以一种更加饱满的心态加入到生活、工作中去。

◎ 找到减压的方法

压力是每个人都要面对的，基本可以分为两种：一种是好的压力，它能使人振奋，可以使肾上腺激素快速上升，让你处于一种应激状态，从而高效率地完成任务；还有一种则是相反的压力，它会使你变得紧张，甚至失去应有的理智。特别是对于那些抗压能力比较弱的人，更是手足无措。

其实面对压力，我们大可不必如此。因为无论是什么压力，都是人制造出来的。这也就表明，绝大部分压力是我们可以解决的。很多人一想到要面对的压力就感到焦虑和恐慌，一件事还没开始做，想到其中的困难就先被吓倒了。直到自己真正做了才发现，这件事情其实很简单。

减轻压力很简单，只要培养一个习惯就可以了：在大脑中不留任何事情。据说人的大脑中堆积问题的多少与其解决的效率成反比。也就是说你大脑中堆积的事情越多，解决起来也就越慢，效率也就越低。

那么该如何解决呢？用你的笔来代替你的大脑，把要解决的事情写下来，而不是记在脑子里，然后再慢慢去解决，一步一步地来，直到解决完之后再回头看，你会发现其实压力真的很容易解决。有一个很管用的抗压办法不妨一试。当我们感到压力很大的时候，可以这样去想：有什么可以焦虑的呢？我们所担心的事情，大约有70%还没有发生，而20%已经过去，只有10%是正在发生的。也就是说你只需要全力做好这10%的事情就可以了。

我们很多时候总是把根本就没有发生或者现在不会发生的事情当成一种压力防备着，这就是压力的来源。因此，有人总结出这样一种抗压方法：保持一种"游戏"的心态，把任何东西都变得有趣和好玩，压力自然就减少了。当然这还需要自己的努力才能做到。

好心情只有自己能给自己，保持好心情也只有自己能够做到。要幸福就要随时给自己一份好心情。

◎ 自我消化、借助于别人的力量消化和忘却

自我消化就是通过自己的力量将身体的压力释放出去，包括散步、写日记、锻炼身体等。这是一种静修的方式，在自己感到紧张和心烦意乱的时候尤其适合用这种方式，因为它给予我们的是一种深度的宁静，让自己处在一种更加冷静、更加理智的状态来处理心中的烦恼。这样就会让压力在心中慢慢融化，然后随着一次微笑灰飞烟灭。随着明天的朝阳，带着新鲜的心情，重新开始一天的生活。

很多时候，静修并不是一种释放压力的好方法，如受委屈或者是经受挫折打击的时候，心里越想可能会越烦乱。这个时候，就需要借助别人的力量来消化这种压力。如跟朋友出去走走，同家人说说心里话。将心中的烦恼、苦闷、委屈一股脑地倒出来，甚至还可以在朋友和家人面前痛痛快快地哭上一场，在眼泪流干的那一刻，你也就明白了什么叫生活，什么叫委屈，什么叫烦恼。生活中的一切不顺利仅仅是生活给予我们的一些色彩而已，如果我们做不到高兴地接受，就尽量平静地对待吧！

当然，最好还是能忘却压力，不要让压力在脑中停留，这样压

力也就不会羁留下来，让我们难以消化。忘却压力说难也不难，只是需要借助其他的东西。如很多人在心里烦闷的时候往往会选择旅游、锻炼身体、看书或看电视，甚至是到农村参加一次农业劳动。在你全身心地投入到这些事情中的时候，所有的烦恼、所有的压力都将被抛到九霄云外，那个时候你可能只关注身边的美景，乡村清新的空气和美丽的田野。

很多人曾经尝试过这种方法，可是在回到家或者办公室的时候，以前的压力还是会回来。这就是这些人自己的问题了，好不容易把压力抛开，最后却又辛苦地把它找回。忘却压力之后的你是一个全新的你，那么身边的一切在你眼里也必然是全新的一切，又何必翻出原来的压力呢？通俗一点儿说，过去的事情过去就过去了，何必再次拿出来咀嚼呢？

每个人几乎都有同样的习惯，那就是忘却别人的好，只记得别人的坏。别人不好的一面总是浮现在自己的脑海里，遮盖了他们温柔美好的一面，而压力也就从此产生，盘旋在自己的周围。

其实，给自己的身体解压还有一种非常有效的方法就是深呼吸。深呼吸对于排解心中的压力是非常有效的，如果你感到紧张，那么就试着进行深呼吸，让空气使你变得平静下来，让空气带走藏在你心中的紧张，带走你身心上的压力。

06 | 不快乐的路，一定走不长远

知识女性往往更容易获得较高层次的社会地位，享有更多的资源。因此，有人想象她们必定是无忧无虑的。其实，并非如此。

◎ 知识女性更容易快乐吗

雯雯博士毕业以后来到现在的单位，当时觉得工作的氛围好，上升空间大。但是她上班以后发现，公司招她过来并不是想真正地培养她，而是在和客户谈判的时候利用自己的博士头衔来证明公司的实力雄厚。时间长了，雯雯的专业能力并不能发挥出来，她每天干的工作其实比她学历低的人也能完成。她很郁闷，整天闷闷不乐。同事们觉得她这样有点儿清高，都不喜欢和她交往。雯雯的职场生活非常不开心。

为什么有知识的女人会不快乐呢？究其原因，主要有两点：

知识女性由于具备较高的知识水平，而被人们以为应该追求高尚的事业并取得成功，但是，也不能因此而剥夺她们作为一个普通女性应该享受到的快乐。日常生活中，人人都有心理上、情绪上的低潮和波动，这不仅与个人性格、生理周期、内分泌状态等自身因素有关，还非常容易受工作压力、事业坎坷、爱情挫折和家庭不和等外界因素的影响。因此，在现代社会里，知识女性患有压力的社会病更是屡见不鲜。有人说，做女人难。其实，做一个快乐的知识女性更难。

知识女性大多是职业女性或事业女性，即使是最好的职位与最成功的事业也免不了给人带来烦恼和困惑。因为处于这个位置的女性，责任更重，挑战性更强。现代社会科学技术日新月异，思想观念不断解放和发展，这些无疑为知识女性提供了体现自身价值的更为广阔的天地，但在知识女性的职业生涯中，有许多无形的障碍：因为你是女性，应聘时可能败于一个素质、能力比你差的男性；因为你是女性，你的工作能力和业绩可能屡受怀疑。女性常常顶着压力加倍努力，付出比别人更多的时间和精力。对于知识女性，职业与事业的压力是挑战也是一种社会病，社会病正是快乐的敌人。

◎ 做个有知识的快乐女人

那么，怎样才能成为一个快乐的知识女性呢？

要转换角色观念和行为模式，营造良好的心境是知识女性的必修课

心理学家有一个形象的说法："心境是被拉长了的情绪。"它使人的其他一切体验和活动都留下明显的烙印。"人逢喜事精神爽"，良好的心境使人有一种"万事如意"的感觉，遇事也能冷静对待，使问题迎刃而解；消极的心境则使人消沉、厌烦，甚至思维迟钝。知识女性因为有知识，最能成为快乐心境的主人。而要培养和掌握自己的心境，保持快乐，必须谨记十六字箴言："振奋精神，自得其乐，广泛爱好，乐于交往。"如果你感到不快乐，那么你要找到快乐的方法，那就是振奋精神；常为自己所有而高兴，不为自己所无而忧虑，就是自得其乐的最好方法；培养多种业余爱好，以陶冶情操、增加乐趣；广泛交友更是保持快乐心境必不可少的环节。

只有健康女性才会拥有持久的快乐人生

关于健康女性，目前还没有一个统一和明确的标准。如果按心理学分析，可从心理统计、心理症状和内心体验三方面去认识；按社会学解释，则可以把解决生活中所面临的实际问题的能力作为标准。但是，凡是能正确理解自己的社会角色、正确理解自己所处的社会环境、有能力解决自己所面临的问题、有一定目标并为之努力的知识女性，就一定是健康女性。

健康女性应该成为知识女性的质量标准，快乐人生应该成为知识女性追求的人生目标。有了标准，有了目标，只要努力，一定会成功。

CHAPTER 3

在职场上掏心掏肺，不是累死就是气死

01 别让对手把自己一眼看透

老子曾说过："唯其不争，故天下莫能与之争。"聪明的人往往懂得如何在最恰当的时候示弱隐强。纵观世界历史，那些能够成就伟大事业的人，没有一个不是深谙做人之道的。人，只有知道何时进，何时退，才能不被社会淘汰。

◎ 口无遮拦的人容易沾上麻烦

没有经过理智的决定即是冲动，一个冲动口无遮拦的人，一定容易犯事，也容易招惹上不必要的麻烦。平白无故让自己招惹上小人，也为自己日后做事添加了阻力。

一个容易被人看透的人，也容易被他人掌握自己做人做事的方法，一览无遗之后对方可以"下套"，也可以用激将法，或者是一些看似善意的苦口婆心的劝阻，让我们所做的事朝着他们想要的方向发展，可有时候这些"改变"并非有利于我们。当我们身上出现这种状况，我们常莫名地失去一些东西。那么，在这个没有硝烟的战场中，等待我们的注定是失败。

在工作中，有一种忌讳，叫作"别让别人把自己一眼看透"。

刘茹是刚到新公司的小上司，其貌不扬，二十五六岁的样子，圆脸大眼睛最引人注意。这个看起来像大学生模样的女孩，竟然能空降当主任！部门里的人连饭都吃不下了，大家七嘴八舌地开了个讨论会。

在第一个月里，刘茹四处闲逛，一会儿到业务部闲聊几分钟，一会儿又去市场部说上几句。但等到大家开会的时候，她就不说话了。大家私底下都讨论，这位新上司是来吃闲饭的吧？

她没事儿就到财务部问公司制度，过了一阵子，又去办公室了解情况。

到了第二个月时，大家在会议上让她开口发言，她又借口推辞："我才刚来，还在了解情况和学习中，再过一阵子我再发言吧，嘿嘿……"

大家都觉得这年轻的上司让人琢磨不透。原本部门里最尖锐的陈蒙蒙这回不敢轻举妄动了，一个摸不着底的上司，还是不要招惹为好。而对于空降上司这事本来就不满的李成越来越憋不住了，开始试探刘茹的底线。可是刘茹只是笑了笑，根本没做出过激回应。李成失败了。

就在大家惶惶不安的时候，刘茹开始有了动作。她在入职第三个月的时候在会议上拿出一个方案。大家都张着嘴，合不上了。

刘茹的行为简直就是"不鸣则已，一鸣惊人"，几个月过去，她对部门里每一个人都了如指掌了，这回不但成功地得到了上头领导的肯定，还把这些手下牢牢掌握在手中。

刘茹的方案通过了，十分成功，部门里的人见识了刘茹的手段后，不少人开始回想起自己刚工作的那一阵子，脸上时时表露着情绪，也容易被工作上的人和事所影响。

◎ 沉得下来的心思，拿得出手的智慧

如果自己是刘茹会怎么样？能力被质疑，肯定会自乱阵脚。在没搞清公司情况时瞎出手，最后管理成效肯定收效甚微。

或者，在面对资深老职工李成的挑衅时，不知什么时候就忍无可忍，针锋相对斗起来了。

大多数人都会这样做，刘茹却没有，不管什么时候她似乎都是不急不忙的。先把自己的事情做好，知道自己要什么，想做什么。

她的心里有一个答案，旁人却永远看不出她想做什么。

后来，领导开了一个公司成立以来最盛大的庆功晚宴，在大家认为刘茹拿下大奖，即将与大家算旧账的时候，她又做了一件惊人的事情，她把大家感谢了个遍："我能有今天的成绩，是大家给予的，如果没有大家第一个月的帮助和第二个月的一同努力，哪有我们部门的今天？所以今天这餐我用大奖的奖金请了。"

同事们在震惊的时候，都为刘茹的气度折服，开始心服口服起来。人与人之间的距离一下就拉近了。

就连刘茹的顶头上司都这样赞赏道："虽说她进公司的时候其貌不扬，但现在才知道真有两把刷子，既有沉得下来的心思，也有拿得出手的智慧，还有现在的亲和力，需要我学习。"

现在同事们看刘茹还是云里雾里的，但对于她的能力，大家都十分肯定。

◎ 任何职场高手，都是不动声色的

任何职场高手，都是做事不动声色，表面看上去深不见底的。

刚进入社会或到一个新环境，面对一群不熟悉的人，在搞清楚状况之前，最好不要把自己无私地"奉献"出去。虽不刻意标榜生活险恶，但前路未知，世上好人很多，可包藏祸心的人也不少。大家同在一个圈子里，势必有着相应的竞争，有利益关系就会有斗争。

若是要坦白待人，也要搞清楚情况，再和盘托出。

如果在没有完全准备之前，就贸然把自己交代出去，其实是一种对自己不负责任的做法。

切记"水至清则无鱼"，别让人把自己一眼看透，给自己增加一些"神秘"的色彩很重要，这样既能够保护我们，也能让自己更好地认识周遭的一切。

如此，何乐而不为呢？

02 多了解老板，比了解工作重要

很多员工认为做好自己的工作就万事大吉了，其实多了解老板比了解工作重要多了。你的老板能力怎样？他有什么样的优点和缺点？他喜欢什么样的下属？他的工作经历是怎样的？如果你是一个想在事业上有所发展的人，这些你就一定要知道。男人的粗心大意可以被原谅，但一个大大咧咧的女人是很难被老板看好的。而且，面对男同事的激烈竞争，心细如发是员工赢得老板青睐的最佳资本。所以，对于一个想在事业上有所作为的女人来说，了解老板比了解你的工作更加重要。

◎ 为什么要了解老板

威尔逊公司的董事长是一个非常固执的人，任何新鲜的意见都被毫无例外地拒之门外。董事长有才能、自负，所以对别人的意见往往瞧不起，要么不采纳，要么根本不予理睬。但是，有一个人是例外，这个人就是他的助理凯西小姐。为什么董事长对凯西小姐会如此特殊呢？

凯西小姐自己说，有一次，她被单独召见，她明知董事长不容易接受别人的建议，但还是尽自己所能，清楚明了地陈述了一套买卖合并的方案。因为她苦心研究过，自认为相当切实可行，所以说得理直气壮。

然而同样的，董事长没有表示任何接纳的意见，只是说："你的计划幼稚而可笑，我为我愿意听你说完这些废话而感到遗憾。"但是数天之后，在一次董事会议上，凯西小姐很吃惊地听到董事长正在把她数天前的建议作为自己的年度计划公开发表。这件事，使凯西小姐恍然大悟，她懂得了向董事长提出计划方案的最好方法：避免他人在场，悄悄地把意见"移植"到董事长的心中。使董事长不知不觉地感到兴趣，然后使计划可以作为自己的想法而公之于众。最后，使董事长坚定不移地相信这个计划的可行性。

这之后，凯西小姐总是在董事长有需要的时候"悄悄地"说出自己做的策划，而她的计划也总能顺利地被董事长采纳。不久，凯西小姐就在董事长的推荐下进入了董事会。老董事长退休的时候，凯西小姐又在他的支持下接管了威尔逊公司。凯西小姐能取得这样的成功，是因为她了解了老板的心思，时刻知道老板在想什么，并能按照老板所想的去做。

◎ 怎样猜到老板的反应

那么你呢？你知道你的老板在想什么吗？当然，想了解老板的心思不是一件简单的事，这是一项长期而艰巨的工作。但只要你留心观察，为此做出长久的努力，相信成为老板肚子里的"蛔虫"也不会是难事。

了解老板的核心价值观

这些核心价值观不容易妥协和改变，所以也往往是最容易引爆我们情绪的原因。例如，有的老板在意守时，只要有人迟到，他就会开始跳脚、抓狂；有的老板则注重诚实，所以一旦你言辞闪烁，他就立刻动怒开骂。

此外，有人重勤俭，有人看效率，只要多跟同事们打听，并培养敏锐的观察力，你就能找出老板的核心价值观，并调整自己的工作态度加以配合，这样你才能成为老板心中的可用之材。

洞察老板的情绪反应

仔细观察老板的喜怒情绪：什么事会让他高兴？什么事会惹他

生气？什么事会让他焦虑？什么事又会对他产生压力？而当他出现这些异常的情绪反应时，他通常的处理模式为何？

我们每个人都有着固定的情绪处理模式，每次发作时的过程也都差不多。所以一旦能够掌握老板的情绪反应，下次你就会知道该如何避开台风尾，并且能采取更好的沟通方式，以免不慎让对方的情绪火上加油。

例如，你发现老板其实是个夜猫子，早上往往大脑不太灵光，这时去向他报告工作，就容易惹来一顿臭骂，那你当然就得熬一下，等到吃过午饭他心情好了，再去报到。

掌握老板的沟通模式

沟通专家们发现，我们每个人最习惯的沟通方式各有不同，所以很多时候有沟没有通的原因之一，其实是没能掌握与对方沟通的最佳模式。在这方面，差一点儿可是差很多的，许多冲突就是由此造成的。

还要学会应付各种性情的老板，确保自己的尊严不受侵犯，同时能够赢得他对自己的好印象，这就需要学会一些技巧。你要观察老板的心理变化。

对付整天怀疑自己的员工偷懒不干活的老板，最好的办法是经常向他汇报，多和他交流，明确告诉他你干了些什么、结果如何，以此使他放心；对自己的能力没有信心，老是担心下属会超过他的老板，这时你就要收敛起自己的锋芒，做到谦虚和谨慎，这样自然会博得老板的信任和赏识，以消除老板的戒心。比如在业务会上，对自己的远见卓识有意打点儿埋伏，留下空间给老板做总结。

◎ 怎样在老板面前赢得最佳印象

提前上班

如果能早一点儿到公司，会显得你很重视这份工作。每天提前一点儿到达，对一天的工作做个规划，当别人还在考虑当天该做什么时，你已经走在别人的前面了！

说话谨慎

对工作中的机密必须守口如瓶。如果说话随便，说不该说的话，有意或无意地泄露秘密，将会给上司和自己的工作带来不便。

反应要快

老板的时间比你的时间宝贵，不管他临时指派了什么工作给你，都比你手头上的工作来得重要，接到任务后要迅速、准确、及时完成，反应敏捷给老板的印象是金钱买不到的。

勇于承担压力与责任

公司在不断成长，个人的职责范围也随之扩大。不要总是以"这不是我分内的工作"为由来逃避责任。当额外的工作指派到你头上时，不妨把它当作一种机遇。

苦中求乐

不管你接受的工作多么艰巨，也要完成好，千万别表现出做不了或不知从何入手的样子。

保持冷静

面对任何困难都能处之泰然的人，一开始就取得了优势。老板和客户不仅钦佩那些面对危机不动声色的人，更欣赏那些能妥善解决问题的人。

善于学习

要想成为一个事业成功的人，不断学习、充实自己的知识是必要的。既要学习专业知识，也要不断拓宽自己的知识面，往往一些看似无关的知识会对你的工作起到很大作用。

切勿对未来预期太乐观

千万别期盼所有的事情都会照你的计划发展。相反，你得时时为可能发生的变故做准备。

03　办公室是讲究相处艺术的地方

女人往往不注重办公室政治。其实，在办公室里，能否处理好与同事的关系，会直接影响到你的工作。建立良好的人际关系，得到大家的喜爱和尊重，无疑会对自己的生存和发展有很大的帮助，而且愉快的工作氛围，可以让人忘记工作的单调和疲倦，会使人对生活能有一个良好的心态。而这就需要你掌握好与同事相处的艺术，精通与人交流的技巧。

◎　与上司相处要遵循的原则

了解上司的为人

如果你不了解上司的为人、喜好和个性，只顾埋头苦干，工作再怎么出色也不会得到上司的赏识和认同。上司欣赏的是能深刻地了解他，并知道他的愿望和情绪的下属。了解你的上司，不但可以减少相处过程中不必要的摩擦，还可以促进相互之间的沟通，为自己的晋升扫清障碍。

注意等级差别

你与上司在公司的地位是不同的，上司不是你的朋友，他在乎他的权威和地位，他需要别人的承认。如果你的上司还有上司，你和他开玩笑，他会很没面子。就算他是你的朋友，在公司时也最好把你们的关系界定为简单的上下级关系。

保持忠诚

忠诚是上司对员工的第一要求。不要在上司面前搞小动作，你的上司能有今天的位置说明他绝非等闲之辈，你智商再高，手段再高明，在他的经验阅历面前也不过是班门弄斧。

摸清敏感上司的动机

上司的不同命令的下达方式可能暗含着不同的目的，比如吩咐，即要求下属严格执行，不得另行提出建议及加上自己的判断；请托，给予下属若干自由空间，但大方向不得更改；征询，欲使下属产生强烈的意愿和责任感，对他极为青睐；暗示，面对能力强的下属，有意培养对方的能力。所以，当你接受一个任务时，一定要弄清上司的动机，不要辜负上司的美意，错失良机。

不要委曲求全

因为工作被冤枉时，一定不要委曲求全，因为一方面你的"大度"可能掩盖了公司内部真正存在的问题，另一方面会让上司误解你的能力甚至是人品，你的沉默将使他对自己的判断更加深信不疑。既然于公于私都无益，那你还不如找机会解释清楚。

不要在上司面前流泪

泪水容易给人造成这样的印象：这个人是柔弱的，并且承受力太差了。如果你在上司面前流眼泪，那么原先打算提拔你的上司，也可能会认为你不能胜任你的工作，而把机会让给其他人。

及时完成工作

员工的天职就是工作。如果没有完成上司交给你的任务，不论有什么客观因素，也最好不要在上司面前解释什么。没有做好本职工作，任何理由都不是理由，因为上司关心的只是工作的结果。工作没做好，你的解释只会让他更加反感。如果确实是上司的安排有问题，你可以事后委婉地提出，但千万不要把它作为拖延工作的理由。

小处不可随便

在上司面前，要注意自己的言谈举止和工作中的细节问题，越是随意的场合越要加以小心，正所谓"当事者无心，旁观者有意"。很多上司都信奉"见微知著"的四字箴言，认为这些生活中的细节很容易暴露一个人的秘密。比如文件的摆放可以看出你做事的条理性和缜密度，发言的声音大小说明了你的自信心如何，酒会上的行为是否得体体现了你的个人修养与自制力，等等。

要有团队精神

任何一个上司都不会喜欢害群之马，因为是他所管理的团队给了他威严、权力和成就感。没有整个团队的成长，他的事业就失去了依托。所以不要只想着怎样讨上司喜欢，要和你的同事和睦相处，不要搞个人主义，团队意识是你成为一名优秀员工最基本的要求。

◎　和同事相处的艺术

怎样与同事友好相处呢?

与同事相处的第一步便是平等

不管你是职高一等的老手还是新近入行的新手，都应绝对摒弃不平等的关系，心存自大或心存自卑都是同事间相处的大忌。

和谐的同事关系对你的工作不无裨益

不妨将同事看作工作上的伴侣、生活中的朋友，千万别在办公室板着一张脸，让人们觉得你自命清高，不屑于和大家共处。

与同事公平竞争

面对共同的工作，尤其是遇到晋升、加薪等问题时，同事间的关系就会变得尤为脆弱。此时，你应该抛开杂念，专心投入到工作中，不要手段、不玩技巧，但绝不放弃与同事公平竞争的机会。

先站在对方立场上去想

当你苦于难以和上司及同事相处时，殊不知你的上司或同事可能也正在为此焦虑不堪。相处中你要学会真诚待人，遇到问题时一定要先站在别人的立场上为对方想一想，这样一来，常常可以避免争执。

不要透露你的私生活

世间有君子，就一定有小人，所以我们所说的真诚并不等于完全无所保留，和盘托出。尤其是对于你并不十分了解的同事，最好还是有所保留，切不要把自己所有的私生活都告诉对方。

最后再提醒你一句，同事间相处的最高境界是：永远记住不可能每个人都是好人。

职场中，过于单纯的女性容易为了工作得罪同事，其实在工作中和同事发生矛盾冲突时，要及时调整自己的状态，选择合适的时机和方法与其进行沟通，避免矛盾激化，从而给自己的职业生活扫清障碍。

◎ 多一个朋友好过多一个敌人

在职场中，有很多女性会遇到由于对某个人的喜好厌恶，而导致简单的事情复杂化，最后激发矛盾，一发不可收拾。所谓林子大了什么鸟都有，不同的人，有不同的性格脾气。你不可能那么幸运地正好和自己兴趣相投的一群人工作，或许你看到他今天消极的状态，可能是因为家庭关系没有处理好，影响到了工作，所以，不要凭个人的情绪和感觉处理事情。

职业女性应该懂得如果矛盾已经产生，清除障碍首先要从沟通开始。其实发生争执，当时只是在气头上，但是事后一想，会感到后悔，觉得吵闹不仅没必要，而且很不值得。大家有话可以心平气和好好说，毕竟我们都想把工作做好，对事不对人。当女性用这种心态去处理问题，与对方及时沟通，及时把自己的想法告诉对方时，一定会化干戈为玉帛。沟通的方式有很多种，可以一个电话、一条短信，也可以请对方喝喝茶，等等方式，把自己的态度传达给对方，交换相互的意见，找出症结，不仅化解了矛盾，还可以避免冲突的发生，有时还会意外地结交到新的朋友。

在职场中，或大或小的矛盾总不可避免。发生口角时没必要一定要分出个胜负，彼此尊重，互相宽容才是解决问题的关键。

职场中的成功女性，懂得再多的尊重和谅解都是建立在平等的基础上，不能因资历或经验去批判，不能以职位的高低去无理取闹。富有智慧的女性，以和为贵，最终是同事间情深义重；愚者相反，见风使舵、添油加醋，以至于在公司内整天钩心斗角，弄得人心惶惶。

职场中的成功女性，都很善于寻找机会来调解矛盾。她可以坦诚相对，心平气和地把引起冲突的原因分析清楚。人与人相处，发生冲突在所难免。对于冲突，我想大多数是因为工作意见不合而引起的，有时可能会吵得面红耳赤，甚至以后见面不打招呼。不管怎样，我觉得我们应该把冲突当作平常事来对待，怀着平常心来处理，虽说冲突会弄得大家不愉快，但有时经过冲突你才会更了解对方，友谊才会变得更加坚固。

职场中的成功女性，知道怀着平常心来对待冲突。不管冲突是有意还是无心，冲突将不再是一件可怕的事。大凡在公司内引起冲突，都是为了公司利益，因为意见相左再加上心直气盛导致的，私下并没有结怨，所以矛盾容易化解。沟通越早越好，可以相互发工作邮件，把事情解释清楚；可以装作不经意地拍对方肩膀，给对方一个灿烂的微笑；可以邀请其他同事活跃气氛打圆场，下班后大家一起聚餐，唱KTV，在轻松愉悦的环境中，在同事面前，两人矛盾更易化解。只要大家相互体谅，就能减少冲突。

04 | 男同事也是同事，让他们为自己所用

办公室里，不少单纯的女性通常都与男同事形同陌路，交流不多，关系也不咸不淡。她们认为，我只要做好自己的工作就行了，与他们有什么关系呢？的确，在工作中，每个人是要凭借自己的能力去干活，但是如果你在办公室是一个非常受欢迎的女性，那么事实上，你工作起来，一定比那些沉默不语的女性更轻松、容易。职业女人要懂得，如今早已不是"男女授受不亲"的年代了，我们应该充发挥自己的魅力，让男同事为自己所用。

◎ 女性遇到男性，难事变简单

秦霜是一家公司的外勤人员，而且刚到公司不久，但只要是她去联系业务，师必胜，没多长时间就为公司立下了赫赫战功。年初，公司的原料奇缺，材料科的同志四处奔走，却连连碰壁，而秦霜外出联系原料，问题却迎刃而解；年末，资金周转严重失灵，急需贷款，总经理急得像热锅上的蚂蚁一样。又是秦霜风尘仆仆地周旋于银行之间，竟获得上百万元贷款。不到一年的时间，老板破格提升她为公关部经理，工资、奖金一加再加。有人试图总结秦霜成功的秘诀，发现她除了具有清醒的头脑、敏捷的口才、丰富的知识和阅历及接物待人灵活之外，更重要的是她懂得利用异性巧办事。

秦霜容貌标致、气质娴雅，每每联系业务都专找对方公司的男接待员或男经理，然后活用女人的优势，轻松地就把事办成了。

秦霜的成功不是偶然的。如今的社会还是一个男性占很大优势的社会，外出办事多数要和男性打交道，而由女性出面则较为顺

利，这便是心理学上所谓的"异性效应"。这种现象是建立在"异性相吸"的基础上的。人们一般对异性比较感兴趣，特别是对外表讨人喜欢，言谈举止得体的异性更是如此。这一点，在男女上都有表现，有时为了引起注意，男性特别喜欢在女性面前表现自己。

◎ 善用自己的优势争取更多的利益

女性朋友们善用"女色"，与男同事和平相处，多多利用异性相吸的原理来应对自己工作上遇到的问题，相信很多麻烦都可以迎刃而解。

控制眼泪，赢得男同事的尊敬

工作场所不可太女性化，如柔弱、情绪化、被动、犹豫不决等。生活中，眼泪似乎是女人的专属品，但是在工作中，一定不能随便掉眼泪。工作需要的是你果断干练的一面，而你的眼泪会让别人觉得你是软弱的，不能胜任工作，他们会因此而轻视你。

当然，作为女性，也不能把自己过于男性化，这就需要把握一个度。如果你想哭，你有权利这么做，然而要注意的是，应在何时、何地、何人面前放声大哭。若能在适当的时候、适当的男性面前运用"泪弹"，含泪欲滴、低声哭诉，或许更能博取同情，达到自己的目的！

温柔话语，化解男性的刚烈脾性

同事之间朝夕相处，总是会有冲突的时候，而对于女性来说，化解冲突的最好方法就是女人的温柔。比如，当你和办公室的男士意见不统一时，先别急得脸红脖子粗，应该保持微笑，用温柔的语言化解僵局。

因为男人都是要面子的，他们即便心里承认自己输了，面子上也不肯输给一个女子。他们通常都是吃软不吃硬的，当你摆出愿意妥协的姿态时，他往往会先被你所软化，妥协得比你更彻底。

聊男人感兴趣的话题，建立异性友谊

一个女人得到男同事的欣赏，甚至喜欢，对自己的工作绝对是有好处的。比如，当你遇到困难的时候，他们会热心地为你提供帮助。

所以，你要试着与他们交朋友。而要获得一个人的好感，最有效的方法之一是挑对方感兴趣而你又有所了解的话题。一般来说，男人感兴趣的通常离不开各种球赛、汽车等。了解了对方的兴趣，你就可以在与其聊天的时候，说一说CBA联赛的赛情如何、欧洲杯足球赛谁输了、车展的新型汽车有哪些……偶尔也发表一点儿评论，说不定更能引起共鸣，不禁让他刮目相看。

另一个和男士建立友谊的方法是，和他们保持礼貌性的肢体接触。研究显示，身体的接触是拉近人与人之间距离的好方法。例如，开会时你可以坐在想建立友谊的对象旁边，在适当的时机，偶尔拍拍他的肩膀，表示支持和鼓励，等等。

适时赞美鼓励，突破对方心理防线

对男人来说，同性的100句鼓励，也没有女性的一句赞美有效。所以，女人不要吝啬赞美，当你觉得某位男同事表现突出时，大方地说出你对他的肯定，如"你真行""令人难以置信"之类的赞美语句。

这不仅能给对方极大的激励和勇气，还会让其更具自信心，也容易突破对方的心理防线，赢得对方的友谊。而且你对他们评价越高，他们表现得越好，还会乐于为你提供各种服务，例如开车送你一程、帮你拿资料等，使你在工作上越来越省心。

虚心请教，让他乐于帮助你

男人在任何时候，都非常乐意被别人请教。好强是男人的天性，在女人面前他们总是喜欢扮演照顾别人的角色。当女人就某些问题征询他们的意见时，他们会觉得自己受到关注、被他人需要和敬重，于是也就非常乐于提供各种意见。而向他们请教，你往往会得到很大的帮助。

善解人意，赢得男性信任

情感是联系同事关系的重要纽带。作为一名女性，要想获得不错的人缘，不妨发挥自己的女性优势，善解人意，关心同事。其实，在任何时候，善解人意的女人总是受男性欢迎的。

在公司里善解人意，会令男同事觉得与你共事是一件多么幸运的事；而你的善解人意，也会让他们更愿意帮助和接近你，比如在你遇到难题时给予鼎力支持，比如他们碰上棘手问题时也乐意听取你的意见。

◎　和男上司相处的方法

很多女性不知道如何跟领导相处，特别是男性领导。她们不知道应该怎样表现自己，不知道怎样让自己和领导轻松地交流，也不知道该如何掌握分寸。俗话说"男女有别"，剔除其中的封建因素，这也确实是一句大实话。尽管社会越来越进步与开放，但在职场中，女士们和异性上司相处的时候，一定要注意下面所说的这些细节。

不管他喜欢不喜欢小鸟依人型的女子，别在他面前"发嗲"。

也许男上司并不讨厌你"发嗲"，但旁观者会认为你别有企图，流言可能会使男上司有意利用你的这种"企图"。

空闲时彼此聊聊儿女的近况总不会错

现代成功人士总是乐于展示他们贤夫良父的形象，无论他是38岁还是58岁，儿女总在他的生命中占着至关重要的位置。

如果跟随男上司外出谈判或参加有关会议，衣着要适合场合。

男上司往往对"职业身份"十分看重,这时穿得职业化一些,会更恰当。

上班穿着一定要整洁、得体、大方

夸张的服饰除了会影响周围同事工作时的专心程度外,更会使男上司怀疑你的工作能力。在工作环境中,化太浓的妆或在工作时经常补妆,这样会有失礼仪,也会妨碍工作。

对付性骚扰有轻有重

首先要了解到底什么才是性骚扰:

(1)只是顺口赞美你今天穿得很漂亮;性骚扰则是赞美你的衣着时,还用色眯眯的目光在你身上打量。

(2)把手搭在你肩上,并且给你一个与其他人相同的拥抱;性骚扰则是搂着你不放。

(3)对方在你的桌上留下一张字条,赞美你的工作表现;性骚扰则是对方一再在你桌上放置写有性暗示字句的字条。

(4)如果对方还是单身,并且约你出去,你可随时拒绝;性骚扰则是如果对方已经结婚了还约你出去,或者对方单身,在约你出去而遭拒绝时,便威胁如果你不"合作"便要将你开除。

(5)听到值得高兴的好消息时,轻拍你的肩膀或手臂;性骚扰则是在公共场合或者私底下,暧昧地触碰你的身体。

(6)说些粉色或黄色笑话时,你只觉得蛮有趣的,却没有猥亵的感觉;性骚扰则是说粉色或黄色笑话时,过分强调一些床上的细节或者夸大自己的性能力。

如果你确定遭到了性骚扰,要根据情节轻重采取适当的反击行动,不要只是默默地承受。自信而且具有良好形象的女性,不能让自己成为这种行为的牺牲品。不要因为害怕失去工作,就使自己每日处在担惊受怕的环境中。如果受害人是在只有两三个职员的小公司工作,而施加性骚扰的人又是这家公司的老板,你可以选择离开这家公司。无论你将面临多大的经济困难，都应该设法辞去这份工作，必要时采取法律手段维护自己的尊严。

不与男上司玩暧昧游戏

现今社会，男女两性一同受教育，一同工作，一同参与社交活动，两性之间的关系愈来愈密切。一男一女在一起工作，很容易引起议论。

职业女性要想避免来自上司或同事的感情骚扰，最聪明的做法就是将私人感情抛出办公室，谨慎地处理与男上司的关系，提防不适当的恋情影响自己的前途。年轻女性一旦卷入男上司的家庭风波中，有时不但会损害工作，甚至还会不幸地丧失贞操，非常不值得。

当办公室里发生了恋情风波时，一般主管会认为资深的上级职员本身有了权力，不足以影响工作，而且职位本身较重要。至于资浅的年轻下级职员，对公司的贡献不多，而出了毛病，必须立即离开公司，另寻去处，以平息这场足以影响办公室氛围的事件。因此，在这种办公室的恋情中，牺牲者往往是女性下属。

05 远离八卦，谨防陷阱，办公室表达有技巧

女人太单纯，往往会口无遮拦，觉得同事都是自己的好朋友，什么话都能说，什么话都敢说。可是现实并非如此。俗话说："病从口入，祸从口出"，所以说话一定要谨慎。说话的时候，一定要留心不要说到对方忌讳的事情上，如果哪壶不开提哪壶，就很容易惹怒他人，也给自己带来了麻烦。

◎ 病从口入，祸从口出

徐诺是一家公司的中级职员，她心地好是大家公认的，可是一直升不了职，和她同年龄、同时进公司的同事不是外调独当一面，就是成了她的顶头上司。另外，别人虽然都称赞她"人好"，但她的朋友却并不多，不但下了班没有"应酬"，在公司里也经常独来独往，好像不太受欢迎的样子……

其实徐诺的问题就出于她说话太直了，总是直言直语，不加任何掩饰，于是直接或间接地影响了她的人际关系。

有一次，徐诺的上司午休回来晚了，而且满脸通红，显然是刚喝了酒。上司一走进公司就直奔自己的办公室，很明显是不想让人知道自己喝了酒。但徐诺偏偏不识相地打了声招呼："经理回来啦，喝多了吧？"一语毕，整个办公室气氛异常尴尬，上司也只得苦笑着离开。

类似的事情经常在徐诺的身上发生。又一次，一位女同事背着一个很漂亮的名牌皮包来上班，同事们都争相试背。徐诺看了一眼却说："很明显是水货，也就你看不出来是假的。"其实，大家早

都知道是仿品，只是觉得没有必要说破，而徐诺却毫不掩饰地道出实情。像徐诺这样什么事情都直来直去的女人，又怎么会有好人缘呢？

言语可以是糖，客客气气的让人听了心里甜丝丝的；言语又可能变成一把刀，刺得人心里流血。俗话说得好，"病从口入，祸从口出"，说话要谨慎。说话的时候，一定留心不要说到对方忌讳的事情上，否则，后悔也来不及了。因为说出去的话，泼出去的水，收不回来，即使事后解释，也无法完全消除给对方心灵造成的创伤，难以完全挽回影响。如果因为说话不顾忌讳而多招冤家对头，那更是不值得。因此，说话的时候一定要留神，不要触到对方的忌讳。

中国古代有所谓"逆鳞"的说法，传说龙的咽喉下方约一尺的部位，长着几片逆鳞，全身只有这个部位是逆向生长的，万一不小心被触摸到这些逆鳞，再温驯的蛟龙也必定变得暴怒。

其实，人的身上也都有"逆鳞"存在，即使性格再好的人也不例外。只有小心观察，不触及对方的"逆鳞"，我们才能在人际交往中来去自如，左右逢源。

◎　含蓄的表达更受欢迎

女孩在与人沟通时，切忌直来直去，要注意语气含蓄。同样的内容和事实，含蓄的语言往往比直言更易于让人接受，含蓄的女孩也更受大家欢迎。

有人说话直爽是出于习惯，其实，要改掉这个习惯并不难。

首先，在打算开口之前，不妨先问问自己，你对对方是充满敌意的吗？他对你有深刻成见吗？你的直言直语是出于发泄的愉快吗？如果是，那么你就太自私了。为了不造成"众叛亲离"的后果，请收敛你的自私。同样，如果你是出于一种心境和本能，那么，可以试着养成这样一个习惯——说话之前，停顿五秒再开口。在这五秒钟的停顿里，思考一下什么话该说以及怎样说的问题。

其次，你要意识到有什么说什么可能导致的后果。一般喜欢直言直语的女孩说话时常只看到表面现象或问题，也只考虑到自己的"不吐不快"，而不去考虑旁人的立场、观念、性格。她的话有可能是随口一说，也有可能鞭辟入里。对方明知前者是"无心"，所以就不好发作，只能闷在心里；后者则因为直指核心，让当事人不得不激活自卫系统，要么奋起反击，要么怀恨在心。所以，直言直语不论是对人或对事，都会让人受不了。这样就会使你的人际关系出现阻碍，别人就会离你远远的，免得一不小心就要承受你的打击。

最后，要分析你直言直语的原因以及带来的后果。喜欢"直言直语"的女人一般都具有"正义倾向"的性格，言语的爆发力及杀伤力也很强。所以，有时候这种人会变成别人利用的对象，鼓动你去揭发某事，甚至去攻击某人的不公。不管成效如何，这些女人总会成为牺牲品：成效好，鼓动的人坐享战果，你分享不到多少；成效不好，你必成为别人的眼中钉，成了别人的替罪羊。

认识清楚了这两点之后，大概你就不会再有什么说什么了。这样既不利己又不招人喜欢的事情何必去做？

虽说"忠言逆耳利于行"，但不是每个人都能坦然接受你的直言不讳。其实，几乎每个人都有一个内心堡垒，需要将真正的自我隐藏在里面才会觉得安全。你的直言直语恰好把这堡垒攻破了，把藏在里边的人生生地揪了出来，赤裸裸地暴露出来当然会让人觉得不爽，他怎么能对你产生好感呢？

因此，在与人交往的过程中，要切记言多必失。尽量能不开口就不要开口；必须开口的时候一定要做到语言婉转、点到为止，才能成为一个讨人喜欢的女人。

◎　办公室内不可不知的谈话技巧

办公室的许多矛盾都是由口舌之争引起的，办公室女性要想维护自己的形象，保持良好的人际关系，就要学会怎样在办公室谈话。

不要轻易发号施令

在白领一族的聊天中，我们常会听到诸如"母老虎""黄脸婆"之类的比喻。其实"母老虎"也好，"黄脸婆"也罢，她们并非缺乏温柔与魅力，最让人窒息的是她们那种盛气凌人、发号施令的神态。

曾有一位总裁秘书这样评价他的老板："三年来，我从没听到过他给什么人下达过命令。他总是提出自己的建议，而不是命令。比如，他通常会说'你可以看看这个'，或'你是否想过，这样做结果会更好些呢'。"

类似的态度能帮助人改正自己的错误。这种方法不伤害他人的自尊心，不埋没他人的优点，它让人乐意接近你，而不是和你敌对。

所以，作为办公室一员，应时刻注意你说话时的语气与神态。用提问题的方式代替命令，这样会有意想不到的效果。

不轻易打断别人的发言

大多数人为使他人接受自己的观点，总爱侃侃而谈。商品推销员更是如此。应该给别人把话说完的机会，因为他对自己的事情和自己的问题比你知道得更清楚，所以最好是向他提些问题，让他告诉你他认为什么是正确的。

如果你因不赞同他的意见而打断他的话，那是不对的，请不要这么做。在他言之未尽的时候，他会对你置之不理，因此，请你静心地听他把话说完并尽量加以理解。

所以，你如果想要人们依照你的观点办事，请给他人多说话的机会，自己尽量少说。

办公室内部还有个问题经常困扰大家，那就是如何拒绝别人。个性随和的你往往不知道怎样拒绝同事，虽然也想大声地说"不"，可始终找不到说"不"的勇气。那么，怎样很技巧而又不得罪他人地说"不"呢？

用肯定方式说"不"

比如你明确地向他表示自己目前的工作很忙，或者告诉他，你不熟悉这方面的业务，怕添倒忙等，都是可以拒绝的正当理由。如果你拒绝了别人第一次，他再次找你做事的时候，就会再三斟酌。

巧用借口

如果你实在不能说"不"，就告诉他，不巧正要处理一件事情，如果他愿意等待的话，你做完自己的工作以后才可以帮他做。

坚持立场，别太在意"面子"

很多时候，不是你不想说"不"，而是对方过于死缠烂打，花言巧语，而你又拉不下面子。这时候，最好的方法就是，你更加亲切、友好地拒绝他的要求。

运用你的幽默

"哇，老兄，上次的小费还没给呢。不如以后你的薪水我也帮你领？"让他感觉到自己的要求是无理的。

避免承担你不能直接控制的工作

如果项目中的主要或关键人员不是你，而且你并未得到足够的授权，就不必自告奋勇地站出来。同事间的相互帮助不是用这种方式表现的，把有限的精力投入到那些能真正给你事业带来发展机会的工作中吧。

希望以上建议可以让你合理地处理与同事之间的关系，该拒绝时就拒绝，把时间集中起来用在自己分内的工作上。

除了拒绝同事，有的时候你可能还要拒绝老板。拒绝老板不但需要技巧，而且需要区分老板的类型。只有这样，才能做到有的放矢，既能达到拒绝的目的，也不伤害彼此之间的关系。

老板让你发表不同的意见时，你敢吗？其实，在这个时候，你最好能够表明自己的真实想法，因为百依百顺、没有主见的员工不见得会受欢迎。有些老板就比较尊重那些直抒己见的人，因为这些意见可以帮助他们及时发现问题和修正错误。

当然，表达方式尽可能"柔和"是很必要的，尤其是持不同意见时，要给老板和自己都留有余地。

06 学会和职场里看不惯的人交朋友

职场中，我们总会遇到一些与自己不太合拍的人。他们或许做人不受人待见，也可能是行事太过张扬，所以导致人人都不爱和他们交往。

有时喜欢和厌恶是一种无法控制的情绪，我们无法掩藏。但在生活中，我们又不能时时刻刻把对人的喜好都挂在脸上，若是遇到自己喜欢的人还好，但若对方是自己厌恶的人呢？

若是赤裸裸地表示讨厌，势必会惹出许多不必要的麻烦。

原本对方是与自己有利益关系的合作对象，这样一来，不但买卖做不成，还有可能伤了和气。

若对方是自己的上司，我们还这么喜怒形于色，难免会被上司察觉，然后怀恨在心，在工作中给我们"小鞋"穿，或者取消许多原本属于我们的成功机会，如此多不划算？

◎ 我们难免会遇到自己不喜欢的人

在职场中，为人处世是一门严谨的学问。

我们在生活中势必会遇到形形色色的人，其中肯定会有那么一两个自己看不惯的人，遇到这种情况，我们该如何做？尤其是在职场中，若是遇到我们必须要与之接触或者交往的人，但我们又实在不喜欢，我们该怎么办？

"你今天能见到我并且我仍在这家电视台工作，实在是机缘巧合。原本我已经打算辞职了，可是遇到一位老前辈，他告诉我一句话：在生活里，一定要把自己变为水，这样才能被倒进任何容器。就是因为这句话，改变了我想要辞职的想法。"

"你为什么想要辞职呢？"我问。

"因为我实在看不惯一些人的行事作风。"

讲这段话的人是我如今的一位同事。作为一个刚进单位的新人，我喜欢倾听他人的故事，而她也恰好愿意与我说。

她说，她十年前进了电视台后便开始了职场上的摸爬滚打，女人能够拼出一片天地实在不容易，所以她格外珍惜。但也因为这样珍惜，所以付出努力却因为一些原因而得不到相应回报的时候，她便十分心寒。

"那个时候，我每天加班到晚上十点，自己也有学历，有条件升职。可却得不到领导的重用，所以……那时我的主管是个善于溜须拍马的人，有一段时间我见他就烦。"

女人容易受情绪影响而做出一些错误的决定。

那时，她已经准备好了辞呈，就在去提交辞呈的路上，在电梯中她遇到了那位前辈。

前辈看见她手中的辞呈，问道："你要辞职？"

她沉默不语，因为去意已绝。这职场中她看不惯的人太多，实在无法再在这样的环境中工作了，她觉得未来一片漆黑。

前辈说道："如果你是因为有了更好的去处才辞职的，那么我恭喜你。如果是因为部门中有你不喜欢的人，那么我还是建议你不要辞职。如何做实事才是最重要的，至于生活中你不喜欢的人，他们是永不会改变的；你若与之斤斤计较，痛苦的只有你自己。

"我们需要学会如何与自己不喜欢的人相处，而不是想着如何自断翅膀避开他。"

老前辈这番话说得一针见血，也直接将她的心态改变了。

是啊，为什么要为了我看不惯的人而牺牲自己呢？

网络上有一句话流传甚广："看不惯别人，都是自己修养不够。"

一个人品性修养到了一定地步，也就像水一样，能够包容万物，泰然处之，淡然笑之。

自古以来，那些被称为枭雄的人，哪一个不是手腕圆滑，极会做人？他们仿佛没有不满过谁，自然也没有多少人不喜欢他们。

一个再差劲的人得到相应的尊重，哪怕他再不济，都是愿意给你三分颜面的。我们若能够以全新的心态看待别人，每当自己在不喜欢的人身上发现一个新优点，自己的快乐就多一分。

做人要如水。这句话的意思不是要我们做随波逐流的人，而是要做到遇事不乱，能与世上所有看不惯的事物共存。

这是一种智慧的生活方式，也是一种修得善缘的好人生。

◎ 学着与看不惯的人相处

后来，我那位朋友把心全放在了工作上，尽量学着和看不惯的人相处，最后发现任何事情都有好的一面。哪怕看到别人做事违背了她的做人原则，她也不再去较真。这样一来，和同事、领导间的相处就变得平和了许多。

再后来，少了生活中的那些"刺儿"，也因为她工作成绩突出，她被升为副台长，在这个行业里有了一个合适的舞台，能够尽情地发光发热。

如今，她还会常常想起那位前辈的那些话，在郁闷的时候会反问自己：他们又不会改变，我为什么要耿耿于怀？我唯一能做的只有改变自己。

如何将我们的人生活得更精彩，才是我们需要考虑的问题。

善于与不喜欢的人打交道，也是人生的一门大学问。

◎ 办公室的"恶同事"如何处理

办公室一般人好交往，还有一类人比较讨厌，怎样对待办公室的"恶同事"呢？

事事同意型

对任何提议都表示赞成和鼓励，借口是不想压制别人的创造性，最喜欢说的就是"我同意""可以这样干"，但是事过之后就没有了下文。他们一概同意的做法让他们自己变得毫无意义。

★对策：忽视他们。

是非型

是非型的人最喜欢探听他人的隐私，他们以制造、传播谣言为乐。

★对策：不必如临大敌，最好敬而远之。

对于一般的谣言，记住"清者自清，浊者自浊"；对于过分的谣言，完全可以将造谣者告上"公堂"。

当然了，千万不要和这种人成为好朋友，尤其不要坦露自己的私生活。要知道，当这个人告诉你一点儿关于别人的秘密的时候，他很可能也会把你的秘密这样告诉别人。

脾气怪异型

他们可能没有什么恶意，他们只是很难相处，脾气怪异，行为离奇，你无法用正常人的思维去理解他们。

★对策：如果不巧与他们有矛盾，要就事论事地与他们争论，千万不要借题发挥，这样可能会激怒他们。

贬低别人型

这种人处处要显得比别人优越，你说什么他都要插嘴，每一件事他都要证明他知道得比你多。这样做的原因是他们有无法排解的虚荣心，或者是隐藏得很深的自卑。

★对策：把他的话当耳边风，他们实在是不值得你生气。

恶人型

这是最危险的一种人，因为他们可能有一个美丽的包装。他们看起来很善良，很富有诚意，对你又非常关心。

而一旦你跟他的利益发生冲突，他就会狠狠地踩你一脚，有时候，他们甚至是"损人不利己"的。

★对策：最好的办法是尽量避开，就算他来笼络，也不要加入他的圈子；当他开始使坏时，要么就"先下手为强"，向上司披露他的劣迹，要么就走人。

口是心非型

他会说你爱听的话，答应帮你的忙，但到了关键时刻却溜之大吉。

★对策：不上第二回当。

CHAPTER 4

女人有底线，才能跟任何人交朋友

01 你不是万能的魔术师，无须有求必应

重朋友情义的人，大多都是心地善良、为人宽厚的人。常把朋友的事情当作自己的事情，朋友有难时，自己无论如何也要伸手帮一把。看重朋友情义，这本是一种正向的价值观，但人际交往有时候需要一定的空间与距离，不仅朋友之间的相处如此，恋人、夫妻之前的相处也都如此。朋友之交，应有所为有所不为，对朋友有求必应时，就会导致自己与朋友在心理上发生许多微妙的变化，导致朋友关系朝不良的方向发展。

◎ 君子之交，有所为有所不为

齐楚儿是个爱看电影的姑娘，从小深受香港黑帮电影影响，很向往电影中可以相互为对方牺牲生命的朋友情义。她的交友观就是，要找个跟自己志同道合、生死与共，关键时刻能相互替对方挡"枪子儿"的朋友。事实上，在现实中，这样的朋友太少了，电影终归是电影。人越成长越现实，就越难交到真正的好朋友。所以，看重朋友感情的齐楚儿，没少为朋友挡"枪子儿"背黑锅，但轮到她挨"枪子儿"时，她发现自己手里倒没有可用的"挡箭牌"。

周诏是齐楚儿最好的朋友，她们在大学时是同班同学，还是上下铺的室友，经常在一起背单词、温习功课、说别人坏话。从心理学上说，一个人跟另一个人在一起能毫无顾忌地说其他人的坏话时，就说明他们的朋友关系比较稳固了。

齐楚儿是那种感情细腻、敏感的人，周诏则是大大咧咧的男孩子性格。两人性格上有互补的一面，也有重合的一面。这从齐楚儿热衷于看港派黑帮片就能看出来，她骨子里其实是有几分硬朗劲儿

的。其实从交友的层面看，齐楚儿和周诏在性格上应该是犯冲的，两人有交集的部分较少，冲突的部分较多。而我们在现实中之所以能跟某个人成为朋友，大多是因为性格上的交集多，在一起有共同的话题，有共同的价值观。齐楚儿和周诏之间并没有这种性格上的基础。其实两人相互都有看不惯对方某些行为和做派的地方。两人能够成为朋友，完全得益于长时间在一起的磨合。时间可以催熟感情。齐楚儿宽厚、包容的性格，也延长了两人的友情保鲜期。

　　大学毕业后，两人就在北京合租了一个小户型的两居室，各住一室。性格较为粗犷的周诏整天将屋子弄得乱七八糟，出于对朋友的照顾，齐楚儿经常独自将客厅、厨房整理打扫一下，有时周末还会帮周诏打扫她的房间。尽管周诏对此表示了感激，还请齐楚儿吃水果，但从客观上，齐楚儿的行为是在助长周诏的懒惰，并且还附带着传递一个很不好的信号——请吃水果或是请吃饭就可以帮她打扫卫生或者做点别的事儿。如果朋友关系需要这样保持的话，那就不叫朋友关系了，而叫按劳付酬的雇佣关系。

　　时间一久，大概是惰性被惯出来了，周诏对齐楚儿的请求越来越多，洗澡时忘了拿沐浴液，要喊齐楚儿帮忙递一下；出门忘了关屋里的灯和电脑，要让齐楚儿帮忙关一下；洗完衣服忘了从洗衣机里取出来，需要齐楚儿帮忙取出来晒一下；合租的房子里的电费、水费都要齐楚儿去交……齐楚儿碍于朋友面子，一直没说什么，她总想，朋友有什么麻烦，能帮一点儿就帮一点儿，反正多数也是一些不足挂齿、举手之劳的小事。但这些小事的积累，会引起双方心态的变化。周诏对齐楚儿的付出越来越感觉理所当然，起初还会请吃水果请吃饭，略微表示下感激之情，渐渐地，她将这些帮忙当成了朋友的义务，但她却没有想过，自己却很少尽过这种义务。齐楚儿对自己越来越多的付出感到有些不值，因为她从来没有得到过朋友的回应。朋友之间的付出应该是相互的，让一个人长期扮演贡献者的角色，另外一个人长期扮演享受者的角色，这种关系就很难长久。

果然，没过多久，齐楚儿就提出了搬家的想法。周诏起初一怔，以为齐楚儿的意思是两人一起再换个房子，便问道："这个房子有什么不好吗？交通不是挺方便吗？周围环境也不错啊。"齐楚儿说："不是那个意思，是我想搬出去了。这个地方离上班的地方相对还是远一些，不太方便。"周诏说道："这不都住了三个多月了，以前也没听你说过远，今天怎么觉着远了，肯定是有其他原因吧？"齐楚儿道："感觉时间不够用，想搬得离公司近点儿，可以在业余时间干点自己的事儿。"

齐楚儿的这句话已经很明显地点出了问题的关键所在：时间不够用。潜台词是，被你的闲杂事务占用了太多时间。纵然是朋友，也不能无休止地为你提供服务。如果周诏听懂了上面那句话的意思，她就应该跟齐楚儿讲明，以后会多帮她分担家务，自己干得了的事，不会总是麻烦她，为她节省出时间。最重要的是要表现出自己受人恩惠已久、非常感激的姿态来。可惜，在周诏的意识中根本已经没有恩惠这回事了，所以她没有听懂齐楚儿的潜台词，尽管她苦口婆心地劝了齐楚儿很久，但终究还是没有留住朋友。

在这个故事中，齐楚儿因为重情义的性格，导致了对朋友的一再包容，对朋友的要求毫无底线地接受，最后把朋友"惯"得都没有感恩的意识了。从而导致两人心态的变化，最终也影响到了两人的友情。如果齐楚儿之前的处理能够更加得体一些，拒绝朋友屡次对同一件事情的求助，不要对朋友有求必应，不要让朋友养成依赖心理，相信两人的友情会更稳固一些。

◎ 对朋友的容忍需有限度

在人际交往中，处处有哲学。中国人讲究中庸的思想，崇尚折中处理：对一个人不能太好，也不能太坏；与人交往，不能走太近，也不能离太远；跟人交流，不能太奉承，也不能太傲慢。

朋友之间最重要的是真诚相处，是关键时刻的帮忙，而不该是日常无底线的照顾。无底线的容忍与照顾只会滋生朋友的依赖和惰性。

当朋友不断地向你提要求时，你就要注意了，朋友可能已经对你产生了依赖心理，他相信你能够帮他解决问题，他相信你会答应他。当他的要求总是轻而易举地得到满足时，会助长他的"侵略性"，人都是有"侵略性"的，也就是面对弱势者得寸进尺的那一面。当然了，朋友未必认为你是弱势者，但是他的行为和你的行为，已经从客观上确定了你的位置。因为你没有限度的容忍与接受，甚至在朋友潜意识中留下了可以轻视你的印象。

此外，对朋友无限的"慷慨"，还会占用你自己很多时间，也可能会打乱你的计划、你的生活。你不是魔术师，不会分身术，更没有三头六臂，如果朋友没有特别重要的事情需要你帮忙，你应该拒绝帮朋友的那些小事，为自己争取一点儿闲暇时光。你还有自己的生活需要打理和维护。

◎ 拒绝朋友的请求要讲究方式

当朋友对你提出过多请求时，当朋友所托之事已经明显超出你的承受能力时，当朋友托办的事情违反了你的主观意愿时，你应该果断地说"不"。拒绝朋友的请求，并非无情无义，相反，这恰恰是维护你们之间友谊的一种方式。

但既然能够成为朋友，大多是有过感情交集的。因此在拒绝朋友时，要讲究方式方法，不可态度生硬，冒冒失失。

拒绝朋友常用的方法有：

耐心地劝阻，言明利害关系

如果因为帮朋友忙会带给自己很多麻烦，甚至是违反道义与原则时，就应耐心劝阻朋友，解释清楚自己不能出手相助的原因，言明利害关系，让朋友知难而退。

讲明自己的情况，谋求朋友的理解

向朋友详细地说明自己的实际情况，让他理解你的难处与苦衷。比如：因为你最近也很忙，确实没有时间帮她；或者你也有了家庭，需要考虑家人的感受；等等。

太极推手

用迂回婉转的方式，巧借其他方法，拒绝或完成朋友委托之事。比如，你可以告诉朋友，你并不擅长做他请求的那件事，而你知道某人擅长，你可以介绍其他人帮忙。

要拒绝朋友确实是件很难办的事，特别是面对多年的老朋友，更不好意思不帮忙。但是，如果你的帮忙弊大于利时，就应该果断地拒绝，并且在拒绝时让朋友知道原因，相信他会明白并理解你的苦衷的。

02 | 抱怨无休止？拒当"情绪垃圾桶"

我们周围都存在一些"倾诉狂人"和"抱怨狂人"，这些人对要说什么话，用什么方式说，在什么场合说，是否会影响到他人，从来都不管不顾的，只管自己"一吐为快"。这样的人往往都比较自私，生活中常以自我为中心，很少顾及他人的感受。

◎ 会传染的情绪垃圾

小惠遇到了件苦恼的事儿，不知道该怎么处理，就在网上发了个帖子，"跪求"网友们支招。帖子是这样写的：

"有个朋友，是个多愁善感的人，每天都有无数的感受想要倾吐。她公司是那种12小时工作制的，因此她常常在休班的时候给我打电话，一打就是一个多小时。每次都说些生活和工作中的琐事，谁得罪了她，谁在背后说了谁的坏话，哪个朋友干了对不起她的事，哪天跟男朋友因为什么事情吵架了，哪天丢了钱包，哪天在地铁里被人踩脚了……统统都是负能量的事儿，而且这些事情经常在她身上重复。每次基本上她说了第一句话，我就知道后面她要说什么事儿了。有时一天还不止打一个电话，每次我都是实在受不了以后，找个借口说'哎呀，我要工作了'或者'老板来视察了'等等，才能匆匆地挂断电话。

"挂断电话后，我自己也变得很烦躁。第一是因为突如其来的电话，把自己的工作思路和节奏都打乱了；第二是因为打了这么长时间电话，工作都耽误了，又不能准时下班回家了；第三，也是最重要的一点，因为每次她都是说些负面的消息，搞得我自己也受到了负面情绪的感染，本来好好的心情，也被搅得凌乱了。

"很多时候，她评价同事、老板的一些观点也影响到了我。比如开会的时候，同事无意中问了她一个问题，她没有答上来，就会觉得是同事故意暗算她，让她当众出丑。有时候老板当众说一些大家工作中存在的问题，提一些需要改进的要求，她总觉得是针对她提出的。这些负面的意识传输给了我，让我在遇到同样的问题时竟然也出现了和她一样的想法，这在以前是从来没有的。"

在帖子的最后，小惠说，她现在不知道该怎样处理这件事，都说朋友就是相互需要时提供下帮助，如果自己总是拒绝朋友的话，是不是很不够意思？

我们先来看看这种患有疯狂"倾诉症"的人是一种怎样的心理。

"倾诉狂"们大多都是性格敏感且小气，甚至斤斤计较的人。在别人看来无所谓的事儿，在他们眼里都是可能影响到个人安危乃至民族尊严的事儿，必须要"彻查彻办"。一旦遇阻，或事情的发展与他的想象有偏差时，他内心的恶气就会像气球一样被吹起来，越吹越大，撑得整个人都难受。这时他就急需找个"树洞"发泄一番，将胸中的恶气疏散出去，多数时候会找身边的朋友或同事，来充当这个活树洞。有被当过"树洞"的人曾抱怨说，自己即便转脸不听对方倾诉，对方还是会倾诉个没完没了。没错，事实上在倾诉者眼里，不管你是一个人还是一个树洞，是固定的还是可以活动的，他们都不在乎，他们需要的只是一个载体，可以让他宣泄情绪、转移恶气的载体。

当你知道这种人的心理后，对这种行为一定要果断拒绝，你可以建议他找一个真正的树洞去倾吐，或是想其他办法摆脱他的"控制"。因为他传递的信息和情绪，可能会影响到你的生活和工作。是的，朋友是应该分担忧愁，但请注意是"分担"，而不是将整个担子全甩给朋友。因此，当有人企图把坏情绪的担子全甩给你时，千万不要接手，一接你就等于承担了"情绪垃圾桶"的任务。

情绪垃圾会让你变得消极、颓废、抱怨，恶气也会像气球一样在你的身体内膨胀，直到你找到下一个"情绪垃圾桶"。你愿意自己做一个传播情绪垃圾的人吗？

◎ 别把情绪垃圾留给别人

情绪垃圾最常出现的地方就是职场，在职场中对同事、老板的抱怨、斗气等，都会影响到其他人的情绪和心理。美国华盛顿大学做过一次关于职场情绪心理的研究，研究认定，那些在职场中情绪低沉、消极，工作态度悲观以及喜欢攻击他人的消极员工会对整个工作环境造成影响。

这就是情绪垃圾的传播结果。一两个人的情绪垃圾，在办公室里会被放大，尽管有些同事没有参与情绪垃圾的传播，但只要身在其中，心理上就会有些波动，且随时可能成为燃起的小火苗。所以，这就是为什么很多企业的HR会在面试时格外重视一个人的精神面貌及工作态度，他们会试图从应聘者中发现性格开朗的、态度积极的员工，排除掉悲观低沉、情绪消极的员工，因为这些员工可能有大量的情绪垃圾，一旦在公司中排放出来，可能会瓦解整个团队的士气，动摇企业的"军心"。

情绪垃圾，对新员工、意志力不坚定的员工、缺少主见及对企业还未建立起充分信任感的员工造成的消极影响最大。

除了职场外，情绪垃圾在生活中出现得也比较多。在大城市工作，尤其是男性，通常承受着非常大的社会压力和工作压力，因此每天的情绪起伏比较大，在社会中积累起的负面情绪比较多。虽然在工作中可能会一再克制自己的脾气，将坏情绪藏起来，一忍再忍，但一旦回到家里，遇到点儿什么不顺心，藏在体内的坏情绪就会爆发出来，要么是疾风暴雨式地发脾气，要么就是无休止地抱怨。

我们收到很多心理咨询者的来信，有不少是诉说这方面问题的。有一个比较典型的例子：一位做推销的王先生，工作没有底薪，只有提成，但前提是他要把产品推销出去。有时候就在街头推销，见到一个人过来就要上去攀谈，有时候要登门入室，去拜访陌生客户。在推销的过程中，往往遇到很多冷眼甚至谩骂，一天有时连一个客户都没有，但为了保证每天都能推销出去东西，以便每个月都能拿到薪水，王先生给自己规定，每天必须将产品至少成功推销给三个客户，不推销完不回家睡觉。推销其实是一个相对来说比较被动的工作，因为你要说服别人去买，而且面对的大多是陌生人。当你推销不出去东西就没有一分钱可拿时，那种压力是非常大的，你在心态上都会跟那种有"保底"可拿的销售员不一样，你更紧张，更容易说错话，更不敢轻易放过一个客户。因此，王先生每天肩上要扛多大的压力，我们可想而知。王先生卸载压力的办法就是回家后跟妻子"聊天"。这一天拜访了哪些客户，客户跟他说了什么难听的话，他当时有什么情绪……他一天的经历像是在内心打过草稿一样，回家后将草稿读给妻子听，每天像是养成了习惯，而且每天倾诉的时间都在延长。妻子本来好好的情绪，有时听他说到一些推销时的不顺和困难时，也为他着急，听他被客户骂时，心里也难受。这样一来，倾诉者的情绪就转移了，把坏情绪统统移送给了倾听者，倾诉者说完以后心中的情绪可能平复了、畅快了，但倾听者心里却犯了堵。

所以，我们在这里想说的是，如果你爱一个人，将他当成爱人或朋友，你就不该只顾自己爽快将情绪垃圾统统甩给他。你应该找到一种更好的方式来排放你内心的情绪垃圾，而不是转移给身边亲近的人。给这些人的应是更多的关爱。

◎　怎样避免自己受到情绪垃圾的影响

"移魂大法"

移魂大法就是不断地转移她的话题。当一个人找你抱怨过多时，如果你无法拒绝或拒绝无效时，你就不断地插话，打乱她的倾诉。她讲她对同事的评价，讲她男朋友有多恶心时，你可以问问她现在鸡蛋多少钱一斤，西红柿好吃还是青椒好吃，总之就是转移她的话题，让她"跑偏"。当她跑偏了几次之后，就会感到跟你倾诉很无趣，她的倾诉情绪在你这里得不到很好的满足，她自己就会想立刻结束这次倾诉，然后会很快找个借口结束这次谈话。

惹不起，躲得起

遇到"倾诉狂"同事，应尽量减少与其接触，尤其是避免单独与其接触。当他们主动找上门要跟你大倒苦水时，你不妨找借口避开，比如说有什么事需要出去一下，或者说要接个电话……惹不起总能躲得起。当你躲也躲不掉时，也可以好好思考下同事的倾诉，找到足够的证据批判他的观点，当然了，你可以在心里默默批判，这样他对你造成的负面影响就会很小。

反过来扮演更悲剧的角色

通常"倾诉狂人"和"抱怨狂人"总是在潜意识里将发生在自己身上的事情当作一个悲剧在诉说，渴望得到别人同情和厚待。当你实在受不了这些情绪垃圾在你耳边嗡嗡作响时，你可以扮演一个比倾诉者更可怜更悲剧的角色，诉说些你的悲剧事，跟她"比惨"，把话茬抢过来，并牢牢把持在自己嘴上。"倾诉狂"通常只有倾诉的需求，而没有倾听的需求，让他们倾听别人的倾诉，他们可能马上就烦了，而且很快就没有了倾吐的兴致。当你听到他们开始转移话题时，你就赢了。

03 "假大虚空"的朋友，请走开！

现实中其实有很多"太虚真人"和假"土豪"，网络空间就是他们的表演平台，在上面可以尽情地吹嘘、夸大自己的能力和本事，反正多数时候都不会有人来"验收"，能哄一时哄一时，能骗一刻骗一刻。

假如你身边有这种虚伪和浮夸的人，一定要离他越远越好，跟这样的人交朋友，你就变成了他吹嘘和显摆的对象，你不能用真诚去换一片虚假。

◎ "不能跟你交朋友，因为你太虚了"

林枫有个同学叫包正。包正是个眼小、脸尖、面黑的人，一笑起来眼就眯成缝，待人特别热情。但这种热情里有一种"假"气。这个长相是我们平常所说的"奸邪"相，我们经常看电视剧就会知道，导演往往会找一些尖嘴猴腮的人来演剧中奸邪的角色。放在现在，我们的道德评判标准变了，现实中很少用"忠奸"二字来审视一个人。但并不是"奸"相不存在了，而是换了一种方式。

其实我们这里所谓的"奸"，它包含的更多的意思是一个人过于聪明、油滑，待人处世不够实诚。我们这一节要讲的男主角包正，就有这方面的一些特质。

包正出身于农村，大学毕业后，在广州找到一定创投公司，做业务的工作，混了几年后也坐上了业务经理的位置。包正具有典型的"凤凰男"心理，因为从小在贫穷的环境中长大，进了大城市上学后，见了一些大城市的稀罕物事都惊讶不已，并经常主动打电话向老同学们炫耀自己的所见。后来进了创投公司工作，接触的都是些中型企业的老板，偶尔也不乏有上市公司的老板，心态上更是发生了翻天覆地的变化，仿佛见的老板多了自己也就成了老板。他经常在同学QQ群里发消息说自己下周又要去哪儿出差，又要会见哪个大企业的老总，等等。还上传了一些跟老总们的合影，并在QQ群里信誓旦旦地说："以后来广州，有什么事找我就行。你要说在中国有我办不了的事儿，那我信！你要说在广州有我办不了的事儿，那我不信！"不明真相的同学，大多也被他的这份气势唬住了，纷纷在群里索要他的电话号码，奉承他有出息、有本事。还有人送他外号叫作"包全面"，因为他什么都包，用他自己的话说就是："来了广州，吃喝玩乐，全算我的！"因为包正老家是哈尔滨的，老同学大多也是东北人，没啥事很少会去广州，去了也不一定真找他，因此，这句话其实不仅仅是包正的口头禅，也是大多数"太虚真人"们的口头禅。

什么是"太虚真人"呢？就是无论什么事儿都跟你玩虚的，嘴里净是好听话儿，但没一点实诚劲儿。比如说，"下周一定要去我家做客啊，再不去可真不够朋友了！再不去我可真跟你急了！"光听这话的意思，倒还是你的不对了，没把别人当朋友。但真到了下个月约定的时间，人家又不吭声了，你拿着电话左右为难，觉得问也不是，不问也不是，真打过去一问，对方说"有事呢，下周吧"。到头来你会发现，原来"下周一定去我家"只是一句社交客气用语而已，跟"你好""吃了吗"是差不多的意思。

回到正题，一次，林枫去广州出差碰到一些棘手的事儿，想到了那句在QQ群里著名的"到了广州我全包"的话，就想是不是老同学能解决了这点小事儿呢？事情是这样的，广州一家商贸公司拖欠林枫公司的款项已经超过半年未偿还，再拖下去就拖成了烂账。这家商贸公司据说在广州有很硬的靠山，既不怕告也不怕威胁，软硬都不吃。因此公司只有派林枫千里迢迢来广州与这家商贸公司谈判，不管好说还是歹说，一定要追回欠款。结果，林枫到了广州，连对方老板的面儿都没见上，去了三趟，每次都被人家以老板不在为借口挡在外面。

没有办法，林枫只好拨通了老同学的电话。老同学包正听了林枫的介绍以后，照旧拍着胸脯保证："这事儿包在我身上！这家商贸公司跟我们公司有过融资合作，只要我出马，肯定会给我几分面子，小事儿，你放心，包在我身上。"林枫一听喜出望外，就好像患了绝症的病人听到任何一点儿救治有望的消息，内心都会燃起一片火花。

给了你希望，但无法给你实现，最残酷的事莫过于此。林枫的事情也是如此。之后的几天，包正一直没有给林枫回过电话，林枫只好给包正打电话，想催催他。结果打了好几次都没有人接。之后总算接通了，林枫说起上次说的事情，包正居然问："什么事？"林枫像被人当头给了一棍子，整个人都懵了。冷场了片刻，包正恍然大悟说："哦哦哦，对了对了，想起来了，那个事儿啊，我正在办着呢。广州你也知道，找人不好找，托人办事挺不容易，不过你放心，这事包我身上……""不用麻烦了，我已经知道怎么解决了，谢谢你。"林枫打断了包正的话，他已经从包正的话音里听出来，他根本就没有替自己去解决这个事，他只是在敷衍自己，"包全面"只是一句客套话而已。

后来，林枫跟另外一个同学说起这件事，心中还愤愤不平的，觉得包正这人太不真诚。同学笑着说，你也太大惊小怪了，这个人的为人也就你不清楚吧，大家早就知道怎么回事了。在QQ上他是"包全面"，是"包土豪"，在现实中他就是一个月薪几千元的小业务员而已，平常出去跑业务多了，说惯了场面话，现在跟谁说话都是这样，跟他老爸说话估计都是三句真话里掺着一句假话、一句虚话、一句大话。你不知道，我有个中学同学现在也在广州工作，巧了，正好认识咱们这位"包全面"。原来两人就是合租房里的室友，"包土豪"在QQ群里所谓的"左拥右抱"都是自己幻想的结果，所谓的大餐就是方便面就着火腿肠。没错，是经常跟一些大中型企业去谈生意，但接待他的大多数也就是平级的业务员或者高一级的总监之类的人物，老总级别的谁会接见他呀！

◎ "太虚真人"来自何方

如果我们认真观察一下，身边一定有不少"太虚真人"，弄不好自己就是其中的一个。为什么我们身边会有这么多的"太虚真人"和假"土豪"呢？

第一，首先还是虚荣心理。"凤凰男""凤凰女"们这种心态表露得相对比较多一些。刚从乡村出来，来到大城市，一切都是新鲜的，吃个自助餐还要拍个照片发到网络上让大家都知道一下，去哪里旅游也要以假装打听攻略的方式在社交圈中问问，不为求助，只为让大家知道自己要去哪儿了。如果有朝一日得了势，那就更了不得了，就好像上文中的包正，认识了几个老板就敢开口说有什么事找他都能办。这是典型的炫耀心理，主要不是为了帮他人办事，而是为让人知道自己办得了事。

第二，防卫心理。防卫什么呢？防卫别人看不起、轻视自己。现代社会，有钱人越来越多，社会对成功的认定也越来越倾向于金钱、官场上的成功。因此，大家在此方面的攀比心越来越重。如果别人每年赚20万元，我就要每年赚25万元，哪怕我每年实际只赚了5万元。难道还会有谁来查我存折吗？为什么要这样说呢？因为你说得少了，别人就会看不起你，你说多了，别人可能就会高看你一眼。这是社会中普遍存在的势利心理。所以说，这就是为什么在我们在这个社会要如此强调形象。你穿得好一点儿出去，别人跟你说话就会客气一点儿。因此，喜欢装"土豪"的人，很多也是出于害怕被人看不起的防卫心理。虽然我们不能接受这样的朋友，但是可以理解这样的做法。

其实，不管出于哪种心理，都是负面心理，都是不正常不自信的表现。不能作为自己装"土豪"，变成"太虚真人"的借口。相反，如果是一个很自信的人，相信是不需要用任何虚假的东西来塑造自己的。

◎ 心里放一把择友的尺子

清理人际关系网和清理衣柜相似。穿不着的衣服就应该清理出去。身边这些"假大虚空"的朋友，就属于永远也穿不着的衣服，不及时清理，就会在你的房间里发霉。

每个人心里都要有一把择友的尺子，这当然不是让你从交友之初就抱着功利的思想，只结交有利用价值的朋友，但起码我们要选择一些对我们的人生发展有正面影响的人吧。那些可能会传递负面心理或负面价值的朋友，只会拉低你的价值观，拖你的后腿。

那我们应该怎样找朋友呢？美国作家布莱在《友谊》一书中说："要找朋友，最简单的方法就是做个表，列出你要找的朋友的所有特点。"美国心理学家斯尼德开办了一些交友俱乐部。他觉得找朋友需要把自己所期望的朋友的一切特点都列在表上，明确了目标才能找到适合自己的朋友。的确，我们要谨慎择友，就应该有一个严格的交友的标准，即结交人品好、心地善、人缘好的人。这样的朋友才叫益友，对你的一生都有很大的帮助。

交友是一件十分严肃的事情。在社交活动中，应注意对方的思想、兴趣、爱好、品性和行为，权衡一下是否值得交往。总之，只有在自己的心中装一把择友的尺子，才能从有着不同个性、爱好、思想、背景的人中找到自己真正的朋友。

04 | 朋友借钱不还，你就要吃哑巴亏吗？

有首歌唱道："不借钱给朋友会失去朋友，借钱给朋友会失去朋友和钱……"

在生活中我们经常会遇到这样的状况，钱借给了朋友，过段时间，朋友不提钱的事儿了，好像一切都没有发生过，欠钱啥的仿佛都是清朝末年的事儿，跟人家没关系。而我们呢，也碍于情面，不好意思追着朋友去要。慢慢地，钱打了水漂，朋友若无其事，你无比憋屈地吃个哑巴亏。

◎ 你不是提款机，别随时给人提钱

果果是个朋友圈里出了名的仗义豪爽女。大概是因为狮子座固有的热情与重义气，朋友有难时，果果总是第一个出手相助，慷慨解囊。

小花鸟是果果的新同事，此人是个"时装狂"，天天衣服不重样也就罢了，每天还都得买点儿新物件，哪天不在淘宝上砸点儿钱出去，手就犯干痒症。

同事们背后纷纷猜测小花鸟的月薪，在心里暗暗对比着，想着这家伙月薪得有多少才敢这么肆无忌惮地烧钱呀！有跟小花鸟同等职位的同事愤愤不平，说自己每个月到手的钱，交个房租、买盒面膜就所剩无几了，人家怎么就能领那么多钱呢？另外的同事说："这你就误会了。悄悄说啊，人家啊，有'后台'。男朋友是大老板。""哦，难怪。"先前还愤愤不平的同事，这下心理平衡了，继而又有点儿失落、气馁，一副战败者的表情。

实际上，她们都误会了，真相只有果果知道。

　　这只花枝招展的小花鸟，来了三天就跟待人热情的果果交上了朋友。果果也是那种喜欢买衣服打扮自己的"潮女"，因此，碰上这小花鸟，两人倒有点儿志趣相投、相见恨晚。

　　这天，小花鸟又在网上挑中一件衣服，发了链接给果果看，并告诉她自己有多喜欢这件衣服："你看，这领口的设计多独特，显得脖子很修长，上面还有小斑点，穿上准像头可爱的小鹿。"果果赞道，这个样式应该挺适合你的，还犹豫什么，果断出手吧！这时，小花鸟贴近果果的耳边说："最近妹子手头紧，恳求姐姐支援一下吧！"果果看那件上衣也不算很贵，二话不说，直接用自己的信用卡替她买下了。小花鸟高兴坏了，抱着果果又是亲又是摇的。

　　没几天，衣服就送到了，小花鸟穿在身上，确实显得高端大气上档次，公司男同事都看直了眼。只有果果心里在犯嘀咕：这都穿上新衣服了，怎么也不还钱呢？果果又自我安慰说：可能是这几天确实手头紧，过几天可能就还了吧。还是先别开口要，跟朋友要的话，显得自己太小气，也让朋友尴尬，还是过几天再说吧。几天过去了，小花鸟那边还是一点儿要还钱的意思都没有，但要说别人手头紧吧，可人家还是每天都在网上不停地买衣服、买化妆品……

　　果果想，是时候暗示对方一下了。

　　中午吃饭的时候，果果就问小花鸟，"小花，你男朋友这两天又给你买衣服了吗？"小花鸟兴奋地回应果果说："买了好几件呢！回头你上我家去，我俩开个时装舞会，换各种衣服跳舞！"小花鸟说话还是像往常一样亲切，唯独不提借钱的事儿。果果显得颇为扫兴，才讲了两句话，计划已然失败。看着那么热情亲切的小花鸟，果果实在张不开口直接要钱。晚上躺床上，果果思来想去，最后决定还是算了，宁可不要这笔钱，也不要因为这事得罪朋友，毕竟那件衣服也没多少钱，无非就是两天的工资，就算是请两天假陪朋友出去逛了。

这样安抚了自己，第二天果果又和小花鸟有说有笑，打得火热了。岂知没过几天，小花鸟故伎重演，又找果果借钱。这次小花鸟好像想起了上次借钱的事，再三跟果果说，这次买完连上次的一块儿还。看着朋友这么诚恳又急切的态度，果果真是不忍拒绝朋友，何况人家都说了，要连上次的一块儿还。于是果果再次用自己的卡替小花鸟买了东西。

后面的情况想必不用说大家也知道了。像上次一样，半个月过去了，小花鸟连提也不提，好像压根没这事儿，果果也愣是不好意思要，于是果果的钱再次打了水漂儿。憋屈的果果在内心暗骂自己犯贱，发誓以后再也不借钱给小花鸟。也就是在这时，果果才听熟悉小花鸟做派的同事说，其实小花鸟根本就没有什么有钱的男朋友，平常买衣服都是借那些追求她的男人、身边朋友和同事的钱，而且你不追着跟她要，她是一定不会还的。你想呀，她天天这么买东西，手里哪有钱还别人？

果果思前想后，叹息一声，这样的朋友，还是不要再交往了。最终失去朋友又失去钱的现实版，在果果身上重现了。

◎ 你身上有没有"重情义病"？

过于注重情义的果果，始终不好意思找朋友要回属于自己的钱，最终导致"人财两空"。

借钱本身并不可怕，重情义也不是你的错。关键是如果你没有做好随时硬着脸皮、奋不顾身地去要回自己钱的准备，那你出手时可能就已经输掉了一半。倒不如学钱钟书，你来找我借一万，我就借你五千，你也不用还了。这样起码还落个人情。

重情义的人，往往为朋友考虑得过多，想着会不会让朋友难堪，会不会得罪朋友，会不会让朋友感觉自己小气，等等。实际上你反过来想想就能明了，朋友借了钱不还，他有没有想过你的处境呢？有没有为你考虑过呢？你只是一个个体，不是银行，银行借钱不仅要收回本钱，还要算上利息。你不算利息，不要他做担保抵押，无偿借钱给他，他理所当然要还你，却毫无缘由地迟迟不还，该不好意思的是他，你有什么不好意思的？你有什么好张不开嘴的？钱又不是胶水，一提就能粘住嘴。

所以，当朋友不再为你考虑时，你也不必为朋友想那么多，该要就直接要。有些人是真没钱，有些人时间一久就忘了，你不提，人家可能都不记得借过你钱，最后你吃个哑巴亏。

重情义的人，往往将彼此之间的感情和信任当作对方的抵押品，对你来说，感情和信任都是比金钱重的东西。但对有些人来说，感情和信任不值一文，都是虚的，连个鸡蛋灌饼也换不来，只有钱才是最实实在在的东西。

这世界上向来都是借钱容易还钱难。借钱的人很容易开口，借钱是因为跟你关系好，是信得过你，知道在你这里能借到。讨债时就麻烦了，是落井下石、伤感情。且不说钱能不能要回，即便要回了，也往往会在朋友心里留下一些不好的看法。所以啊，有些人需要你去追债，有些人你压根就不能借。有句话说得好，如果你想毁掉一份友谊，多一个敌人，那你就借钱给他吧！

所以，像果果一样豪爽大方的人，有必要掌握一些如何拒绝别人借钱及如何向别人讨债的妙招！

◎ 欠了我的给我交出来

拒绝借钱和讨债的实用小计谋有哪些呢？

善意谎言

如果你对某个朋友的偿还能力不是太信任，又不好直接拒绝，不妨告诉对方你目前的用钱计划，比如你准备换一辆新车，或是你准备和男朋友一起去国外旅行，又或者亲戚住院了刚借走一笔钱。

推三阻四

就好比欠钱的人总是以各种借口推托，今天推明天，明天推后天，你也可以在借钱时用一用这招，正好也锻炼下你的脸皮。当然，这一招最好在那种不是特别熟的朋友身上使用。

以毒攻毒

知道某人想借钱时，你可以提前向他借钱，看他是如何拒绝你的。又或者拒接电话，拒绝见面。这个需要你有一定的察言观色的能力，能在对方茫茫然无头绪的开场白中，立刻看出重点所在。然后以彼之道还施彼身。

借花献佛

"我真没钱，但是那谁有钱啊，你可以找他借啊！"临走还拽住他耳朵悄悄说，"千万别说是我告诉你的啊！"

讨债时就需要你以更厚的脸皮、更丰富的技巧去应对了。通常欠债不还的人，脸皮是非常厚的，你要想从他们手里追回债务，就要想办法刺激到他们的痛点。比如有些人爱面子，你可以婉转地开玩笑暗示他，再不还钱，这件事我可要散播到朋友圈里去喽！你这么有钱的人，怎么会拿不出这点儿小钱呢！有的人忘性大，你就要在他耳边时不时地给吹吹风、碎碎念。刚才已经说过了，别人都不觉得不好意思，你有什么不好意思的？讨债时要硬话软说，表面弱势，态度坚决强势，否则多半钱是要不回来的。总之，不是家庭特别急需，尽量不向朋友借钱，借给朋友钱也须慎重对待。

05 交际有技巧，用得好的女人爬得高

会说话，少奋斗十年。这是一条亘古不变的真理。什么叫会说话呢？一个人说两分钟的话，能让听者偷着乐一天，就这叫会说话。什么叫不会说话？一个人说到第二句，就让别人皱起眉头想动手砍人，这就是不会说话。

◎ 说好恭维话，少奋斗十年

不会说话的人出于某种心理，将会说话的一类人封为"马屁精""拍屁虫"，看到"马屁精"们步步高升时，内心又酸又痛，一边咒骂别人只会靠一张嘴升职，一边默默地希望有一天自己也站到"马屁精"的队伍里。但你以为"马屁精"那么容易当吗？没有技巧，不懂运用心理战术，"马屁精"也轮不到你当。

其实从对"马屁"的用词来看，就能断定一个人是否能"拍好马屁"。通常不会说话的人，为了讽刺会说话的人才用马屁一词形容对方，抱有这种对"马屁"的歧视心态，是肯定说不出好听话的。"马屁"无非就是几句恭维话，恭维本身是一个中性词，并不包含贬义。每个人都喜欢听别人对自己的正面评价，不喜欢别人对自己的负面评价。适时恭维一下上司、老板、同事，并不会降低你的人格和尊严，相反会让他人带着好心情去工作，也有利于你自己工作的开展。

我们以在早上上班等电梯时碰见老板后的反应，来看看一些失败的"拍马屁"的案例。

王甲明明看到老板大早上一脸倦容，还笑着对老板说："哎

呀老板，您可真是精神矍铄啊！"老板听了无奈地笑笑叹了口气。你看你这话说的，是不是也太假了？明明老板一副没睡醒的样子，肯定是昨晚有应酬或加班太晚了，你说句老板辛苦也算对老板有所抚慰，但你却用了"精神矍铄"这个词。好吧，就算你想赞老板确实精神力强大，尽管外表萎靡，但内心朝气勃发，也不能用一个形容老人的词来形容老板吧？要知道，四五十岁的老板最忌讳的词就是"老"了。王甲的"马屁"臭烘烘，负分，失败！

张乙是个明白人儿，看出了老板的倦怠，坏笑着，凑近老板身边悄悄地说了句："老总，昨晚上，享艳福了吧？"老板一听脸就沉了。这说的什么话，在这么多人的场合说合适吗？本来想用一句荤话跟老板拉近关系，结果老板恨不得一脚把你踢出电梯。负分，失败！

李丙从老板的服饰入手，说："老板真是有品位，你看黑西装里搭着白色竖条衬衫，是目前最潮的老板职业装扮，最关键的是，下面还穿了双棕色休闲鞋，一看就是欧洲风，只有欧洲人才这么装扮。"其实老板是早上忘了换黑色皮鞋，正怕别人注意他的鞋子，这下可好，李丙可是说到了"关键点"上，让老板好不尴尬，老板赶忙给自己找台阶说，穿这个鞋子舒服，就穿着来了，没想那么多。

同样是这一场景，我们来看看会说话的人是怎么说的：

赵甲看到老板脸色不太好后，在不知道老板昨晚到底干了什么的情况下，为防说错话，就避开了关于精神状态或工作方面的话题。赵甲故作感慨地说："以前在别的公司上班，从来没在早上的电梯间里碰到过老板，为什么呢？因为老板通常十点多以后才晃晃悠悠来到公司的。难怪您的公司比别人做得强，您是真起到了以身作则的带头作用。"这话一说，老板本来疲倦的面容上有了微笑，精神不禁一振，好像一股正能量已经注入身体。赵甲的恭维话说得很自然，不夸张，不夸大，只是轻描淡写地跟过去的公司、过去的老板对比了一下，短短几句话中体现了老板之间工作态度、处世、能力上的差别。老板也有攀比心理，听到你的对比，和对他的肯定，他再困倦也能振作起来。

冯乙也看出了老板的困倦，困倦的人往往心情烦躁，容易闹脾气。冯乙没有直接跟老板对话，反而跟其他同事讲起了笑话，说早上坐地铁听到一个女的对一个男的说："老公，其实我们是失散多年的兄妹，你左边胳膊上有块疤，我也有！"男的听了吓坏了，因为他真有，而且跟她的差不多。男的急得差点儿哭出来，这时旁边的一位乘客卷起袖子说："这算什么啊，小时候打过疫苗的人都有，我也有！"笑话一讲，电梯里一片笑声，其乐融融，老板脸上也浮现出笑意。这个笑有两层意思，一是听了笑话后的反应，二是为公司同事间友好的气氛感到欣慰。这个笑话讲得很是时候，不似恭维胜似恭维。

从这些案例中，我们就能看出谁的情商更高，谁的口才更好，谁更有升职的潜力。老板为自己招管理层，肯定希望找情商高、脑袋机灵的人。那些连"马屁"都拍不好的人，起码说明他不是一个善于观察善于动脑的人，这种作风很可能也是其工作中的作风，升职加薪的机会怎能留给这样的人？

◎ "溜须拍马"不丢人

很多女性不愿意对领导说恭维话，认为那是一种巴结和奉承，是有目的的讨好，是一件丢人的事儿，有志气有节操的人不能干这样的事儿。

这种想法是错误的。第一，恭维话是对别人优点的肯定，是真诚的赞美，像我们上面的例子中，恭维话说得不真诚不贴切，它就连巴结奉承的作用都起不到。第二，恭维话里其实有很大的玄机，你可以通过恭维话让一个人对你产生好感，也可以通过恭维话向对方提要求。

有这样一个故事，一个人被公司解雇了，去另外一家公司应聘。HR看过他的简历后，打电话给他的前任公司，询问了一些他在公司的相关表现情况，但得到的大多是负面的评语。

但HR看这个人有很大的潜力可挖，还是本着惜才的原则留用了他，并对他说："我打电话向你的上一家公司了解过你的一些情况，得到的反馈是你在技术上很有钻研能力，有很强的创新意识和创新精神，唯一的缺点就是不够踏实，做事情有点心浮气躁。但通过与你的聊天，我感觉他对你的判断未必准确，我觉得你是一个很有想法的人，只是之前可能不喜欢那个工作方向，因此表现出一定的浮躁。我相信在我们这里，你找到了适合自己的方向，一定会发挥出自己超强的实力，我很看好你，别让我失望！"这个人听了HR的话，像是遇到了赏识自己的伯乐，下决心在新的公司好好表现。最终他以超强的实力和踏实的干劲，征服了领导和同事。

这位HR在此员工入职时的一段话说得很好，在恭维员工的同时，提出了对员工的要求。只是这些要求被放在暗处。这就是我们常说的，想要对方怎么做，就要朝那个方向恭维他、赞美他。比如你想让他为你安灯泡，你就要朝"技术专家"的方向捧他，让他干活也干得心里舒服。满足其内心希望被赞美、被崇拜的心理。

每个人都有自己的优点，我们要学会发现他人的优点，并在合适的时间、合适的地点说出来，让自己达成目的，也让对方高兴。

◎ 怎么说话，别人听着才高兴

虽然大家都喜欢被赞美，但并非任何赞美都能让对方高兴。能引起对方好感的只有那些基于事实的、具体的赞美，而不是脱口而出的油腔滑调。比如一个长相丑陋的人，你夸她美若天仙，这种赞美更像是一种讽刺。无根无据、虚情假意的恭维或赞美，只会让人恶心，让人觉得你是一个虚伪且油嘴滑舌的人。

投其所好

赞美和恭维要投其所好才有效果。比如对你老板的恭维，你要揣摩一下他的心思，想想他在什么时候最需要你恭维，需要你恭维他的哪个方面。比如你老板的技术能力在公司里还不足以服众，这时你可以通过某件事当着大家的面儿说明老板的技术能力是一流的，树立老板在公司里的威信。这就是为什么老板都喜欢"马屁精"的原因，他们未必都发自内心地喜欢"马屁精"，但他们需要"马屁精"的存在，需要他们来帮他树立形象和权威。

对比

每个人都有一定的攀比心理，老板们的攀比心理更盛。在恭维老板时，可以举几个其他人的例子与他对比，在参照物中捧高他，而不是一味地夸赞他本身。而老板在夸赞员工时，也可用这一招，这时老板可以拿员工跟自己对比，自我贬低身价，抬高员工地位，会让他感受到来自老板的重视，这是给下属的莫大鼓舞。

不虞之誉

给对方意料之外的赞誉，会收到事半功倍的效果。如果你夸一个美女相貌美，她可能没有太多感触，因为大家都这么说；如果你夸她个性独立，有思想，她可能会牢牢记住你的美言。

恭维上司，也别冷落同事

同事之间更希望得到相互肯定，因此在工作中要能学会发现同事的优点，多恭维同事，有利于维护同事之间的关系，一味地吹捧领导，那就真成了"马屁精"了。

别人拍马屁，你也别闲着

有些人很是看不惯别人当众拍领导的马屁，对这种行为很不屑。实际上有时候在职场上可能就是同事为了活跃气氛，随口一说，并非有什么意图。如果此时大家都高高兴兴的，你却摆出一张臭脸，别人明显就能看出你是在鄙视人家的"马屁"行为，场面可能一下就冷下来了。最好的办法就是做一个附和者，别人可以发现领导的优点，难道你不能吗？在职场中应该做那个和谐氛围的建设者，而非破坏者。

06 与他人相处应留出空间，多看优点

感性的女人往往对自己喜欢的人或事越来越喜欢，越看优点越多；对自己不喜欢的人或事越来越讨厌，越看缺点越多。因而表现出过分地赞扬和吹捧自己喜欢的人或事，过分地指责甚至中伤自己所厌恶的人或事。

其实，每个人身上都有优缺点，要看你最在意的是哪些。同样半杯水，有的人看到它有一半是满的，有的人看到它有一半是空的。问问自己，对于那些自己不喜欢的人，你是不是将他们身上的缺点无限放大了呢？喜欢放大缺点的人觉得人心险恶、社会阴暗，然后会变得孤僻，难以与人交往；而看到优点的人会觉得生活美好，所以他们往往热情大方，自然朋友众多。

◎ 相处时多看对方的优点

高小红和张彤是一起进入一家私企的，虽然她们都看不惯职场中某些人的作为，但两个人的处世方式却大相径庭。

高小红脾气很好，虽然知道有些老员工爱摆架子，指使新来的员工做这做那，但她从不计较。反而还努力去找他们身上的优点，如经验丰富、说话很有技巧、工作能力很强等。高小红从不去在意他们的缺点，而是向他们的优点看齐，努力使自己也具备那些优点。

久而久之，高小红对那些老员工没有任何怨言了，而且还经常向他们请教问题，对他们也毕恭毕敬，深得人心。

而张彤却不一样。她是个直肠子，不喜欢谁就会表现得很明显；对那些爱摆臭架子的老员工，张彤爱搭不理，有时还直接指出他们的错误。这样的脾气让张彤四面树敌。

每当张彤在工作中碰到一些难题需要寻求老员工的帮助时，总是被委婉地拒绝，所以她的工作开展起来相当艰难。而时时都笑脸相迎的高小红却获得了大多数人的好感，在职场中如鱼得水。

张彤之所以和同事的人际关系变得紧张，究其根因是因为受了投射心理的影响，而这种现象在女性中普遍存在。女人的推己及人，有时候也是一种感情投射，即认为别人的好恶与自己相同，把他人的特性硬纳入自己既定的框框中，按照自己的思维方式加以理解。比如，自己喜欢某一事物，跟他人谈论的话题就总是离不开这件事，不管别人是不是感兴趣，能不能听进去。引不起别人共鸣，就认为是别人不给面子，或不理解自己。比如自己觉得人应该善良、厚道，就总是想引导身边的人向自己看齐。只要别人的做法违反了自己的原则，就将其定义为"恶人"，或者大加指责。

其实，想要改变别人是件吃力不讨好的事情，而且对方不仅不领情，还会怀恨在心。在人际交往中，破坏力最强的莫过于"你错了"三个字。伟大的心理学家席勒说："我们极希望获得别人的赞扬，同样的，我们也极为害怕别人的指责。"无论在生活还是工作中，人与人之间的接触，任何人都可以选择自己的处事方式，不要对别人的错误过于敏感，也不要强迫别人同意你的想法，要懂得尊重别人的意见。

◎ 给反对者充分的尊重

如果对方的某些缺点或做法实在让你看不过去，想要提出意见时，也别太过直接和尖锐。直接提出不赞同的意见会招人反感，并且在这种情况下别人根本没有心思去听你的意见。即使你用最温和的言辞，要改变别人的意志也是极不容易的。既然知道自己这样做很难打动别人的心，为什么不让自己换一种方式呢？

耶稣曾经这样说过："赶快赞同你的反对者。"换句话说，别跟对方争辩，别指责他，别激怒他，不妨先尊重他的意见，再以退为进。如果有人把他们的观点硬塞给我们，相信我们也是无法接受的。

如果你要纠正某人的错误，千万别说"你不承认自己有错，我就证明给你看"。这句话的潜台词就是："我比你聪明，我要用事实来纠正你的错误。"听的人自然会觉得很不舒服，更无心去接受你那所谓正确的观点。你完全可以换一种说法，比如"好吧，让我们来探讨一下""我有另外一种看法""我的意见不一定正确，因为我也经常把事情弄错，如果我错了，我愿意改正过来"。这样的话让别人接受起来就容易多了。

每个人都有被人认可和尊重的愿望，不要用你的权威去挑战他们的忍耐力，要成为一个受欢迎的女人就一定要懂得：只有尊重了别人，你才会从对方那里得到尊重。

孔子曰："三人行，必有我师焉。"每个人都有值得你学习的地方，关键在于你有没有主动去发掘他们的优点。你可以不喜欢某人为人处世的风格，可以不喜欢某人斤斤计较的小肚鸡肠，可以不喜欢某人骄傲自大的脾气，可以不喜欢某人谄媚的嘴脸。但扪心自问，他们就真的没有一点儿优点吗？还是你心量太小，让指责和厌恶占据了太多的空间呢？

如果让那些缺点蒙蔽了我们的双眼，你就难以接受别人，别人做什么你都看不顺眼，这样你就很容易"树敌"。女人在社会上打拼，本来就面临着各种无法预知的风险，如果你再人为地"树敌"，那你的处境只会更加艰难。在家靠父母，出门靠朋友，多一个朋友就多一条出路。既然如此，何必去做那些对自己不利的事呢？换一种心态去看吧！我们要学会放大别人的优点，忽略别人的缺点，这样你就不会觉得一切都和你过不去了。

学会发现别人身上的优点，你会发觉，其实那个你不喜欢的人并不难相处，你的人际关系将会变得更好。

◎　多个朋友多条道，多个敌人多堵墙

兰馨是一个半旧不新的职场新人，对于新人而言，刚到一个新的单位，最应该做的事情就是熟悉自己手头上的业务，顺便与同事搞好关系，而兰馨却是一个例外。她一直觉得"人不害我，天诛地灭"，觉得在生活里防人之心不可无，所以一旦有人和她说话，她就会层层思量："他是不是要害我？"人家来找她一起吃个工作餐，她都认为对方有所图谋。

有一个单位举办一个绘画作品展，当看到一个新同事与老同事一起合作获奖时，她立刻跑过去嘲讽新同事道："你真是有'远见'哎，紧紧抱住某某的腿不放，沾了人家的光才能获奖，真是不知羞耻。"一来二去，从此以后大家一见到兰馨就跑，兰馨也成了单位里的边缘人。有什么聚会大家都不愿意叫她，她遇到麻烦别人也不愿意帮她，因此她的业绩渐渐成了最落后的，结果年度考核的时候，她被辞退了。

其实，在生活中像兰馨这样的人不少，具体表现各种各样，有逢人好她便不开心的，看到别人买个新的包包便妒忌人家，四处宣扬人家做了什么见不得人的事情，才换来了这么一个昂贵的包包；或者见到新来的同事有可能威胁到自己的地位，无事就给对方下绊子，挑拨对方与领导的关系。

这种人并不以德为美，反而时时觉得谁都不好，谁都是自己的敌人。

或是做事情随心随意，损人不利己，凡是让自己不高兴了，也非要让对方不高兴，从来不把树敌当作一回事，生怕别人眼中没有

自己，非要将自己的人际关系搅得一团糟才行。

◎ 世上没有天生的敌人

其实，兰馨被辞退很大一部分原因是不良的人际关系，差劲的人际关系让她陷入一种恶性循环中，有好事大家都不愿想到她，有坏事大家都自然而然地联想到她。她遇到困难，也没有人愿意伸出援手，这种时候兰馨就只能孤军奋战，自生自灭。

归根结底，兰馨如此不受欢迎都是因为她的敌对心理引起的。试问，谁会喜欢一个火药桶呢？

人与人之间常常从一个微笑、一个善举开始。

我们都应该明白："以铜为镜，可以正衣冠；以古为镜，可以知兴衰；以人为镜，可以明得失。"生活中遇到的每一个人，都应当成为我们的一面镜子。当看到别人不好的地方，我们要避免自己也成为那样的人。而在人际交往中，我们也要坚信，如果我们报之以微笑，别人也会赠予我们微笑。相同的，若我们用一种敌对的心态面对对方，那么对方自然也会将我们列为敌人。

为人处世是一门大学问，千万别让我们自己成为众矢之的，朋友不是我们的敌人，世上也没有天生的敌人。宽容地对待他人，是一种肚量高的品质。不为自己树敌，有时也是给自己留条后路。

CHAPTER 5

不想处处碰壁，就得拒绝跟着感觉走

01 | 女人贵在有主见

歌德曾说："每个人都应该坚持走自己开辟的道路，不被流言所吓倒，不受他人的观点所牵制。"虽然我们每个人绝无可能孤立地生活在这个世界上，几乎所有的知识和信息都要来自别人的教育和环境的影响，但你必须清楚，在人生的旅途中，你才是自己唯一的司机，你要稳稳地坐在司机的位置上，决定自己何时要停、要倒车、要转弯、要加速、要刹车等等。只有你才能带自己去想要去的地方，去看自己想要看的风景。

◎ 缺少主见的女人日子过得拧巴

王维维每天都处在拧巴中，外表一副淡定稳重的样子，内在却如同一个钟摆。因为她经常做些为了照顾别人情绪而委屈自己的事儿，经常违背自己内心的意愿去做一些选择，事后一想，觉着自己又吃亏了，然后内心又有点儿自责，便努力说服自己下次争取别再犯……但下次不可避免又犯了，于是又在心里拧巴起来……

总是违背自己内心的意愿去接受他人意愿的人，首先，肯定是一个心理较为弱势的人；其次，是一个缺少主见的人；最后，是一个原则性比较差的人。没有底线，没有原则，总是很容易就被他人说服，等回过头来醒悟了，又开始了对自己的埋怨，所以他们的日子总是过得很拧巴。有时明明心里不愿意，但经不住别人的死缠滥打，最后口头上同意了，内心还在挣扎，两个自我在打架，不管哪个赢哪个输，总之最后受伤的都是自己。

比如我们这个故事中的王维维，她明明很讨厌那个整天无事献殷勤的、穷矮丑的"地瓜男"，但每次见到他热情洋溢地对她嬉笑时，她也总是忍不住挤出微笑回报他。面对"地瓜男"接二连三的邀请，她明明想推辞，犹豫来犹豫去张开嘴巴吐出的却是"那好吧"三个字。"你明明不喜欢人家，也不想去赴约，为什么还要接受别人的邀请呢？"面对好友的质问，王维维的回答是："'地瓜男'人很不错，我虽然不喜欢他，但是真的不好意思拒绝一个好人。所以，只好委屈一下自己……"

有一次，公司总部从国外派来了好几个高管，来公司做业务培训。临走时，他们邀请作为秘书的王维维一起去吃个饭，王维维本来不想参加这种无聊的酒席——很多时候就是一群大老爷们坐在一块胡吃海喝、泡美女、吹牛皮。但经不住两个高管劝诱，王维维便跟着去了。去的路上，她在心里暗暗警告自己，吃个饭就行了，谁敬酒也不能喝。

到了酒席上，三杯酒下肚后，高管们脑子都开始发热，劝酒大战开始了。和王维维一同去的另外两个女秘书，已经分别被灌了一大杯，下面轮到王维维了。王维维因为内心坚持不喝酒的原则，因此百般推辞。这时一位高管就端着酒杯晃晃悠悠地走到了王维维面前，说："激动的心，颤抖的手，我给美女敬杯酒，美女不喝嫌我丑。"王维维赶忙站起身，不知道是接还是不接，满面通红。这时旁边的秘书小丽在下面轻轻地掐了掐她说："胡总都亲自给你端过来了，还不快接着，以后胡总还负责你们部门的业务呢，少不了有事要他帮忙呢！"小丽边对王维维说，边向胡总抛了个媚眼。王维维想，当着这么多人，驳了胡总的面子，也挺不合适，就只好委屈自己了。一仰头，一杯酒已经送进了肚里，呛得自己直掉眼泪。

这时，另一位高管宋总大呼："好！好酒量！难得遇上这么好的妹子，我也得跟她喝一个。"然后斟满酒也晃晃悠悠走过去作起饮酒诗来："万水千山总有情，这杯不喝可不行！你喝了他的，不喝我的说不过去吧？""对对对，喝啊，跟他喝一个，拼了！"旁边其他人都开始起哄。就这样，王维维一杯接一杯地喝，七杯白酒下肚，人已不省人事。被同事送回家后，她吐得到处都是，难受了好几天才缓过劲来。

◎ 别总是为照顾别人情绪而压抑、违背自己

在与人交往的过程中，我们经常会遇到很多自己不愿意做的事。几乎每个人都有过委屈自己，让别人高兴的经历。譬如心里明明想对某个人或某件事说"不"，但是不知道什么原因，感觉这个"不"一字千金，憋足了劲也说不出口，最后只能生生地把这个字吞到肚子里，事后苦了自己，也苦了别人，自己越想越不对劲儿，就会后悔当时为什么没直接拒绝。

大量的情绪压抑产生于孩提时代。孩子们可能会因为痛苦的哭闹受到处罚，也可能因为快乐的嬉闹受到处罚，这种由于表达情感所受到的压制，慢慢使他们变得像成年人一样，自己心里想说的话、想表达的情绪都被强烈地压制着，以致变得呆板，却习以为常。

心理学上讲，不断地压制内心的想法会导致心理障碍，包括心理矛盾、情感纠葛、自我否定等。医生们也认为，过分压抑自己，总是违背内心的想法可能是导致某些疾病（包括癌症和心脏病）的原因之一。

心理医生鲁丝博士在她的著作《你的第二人生》中指出："你若感到太阳穴隐隐作痛，那说明你已累积了过多的压力，同时你抑制自己去哭泣释放……疼痛是身体给你的警报信号，它提醒你应抽出时间放松自己。"如果你也有这样的症状的话，可反思下，是否自己在生活中过多压抑自己、委屈自己呢？人只有一辈子可活，你完全没有必要总是为了照顾别人的情绪而违背自己的内心。

王维维在遇到问题时，习惯压抑、回避，或者违心地表态。表面上看，她是为了避免伤害别人，实际上她这种做法不仅会伤害别人，更重要的是会伤害自己。

许多不能表达自己真实情感和想法的人，常常被周围人的决定搅得心理不平衡。生活中有很多"王维维"，他们担心拒绝会引起对方的不愉快，或触怒对方，他们太顾及他人的情绪和面子，以致总是伤害自己。实际上只要学习一些处世的技巧，把持自己的原则，在很大程度上会避免和消除因为上面的原因带给自己的不快。

◎ 如何做一个有主见、有原则的女人

在生活中，我们经常会遇到王维维那样的事儿，比如周末同学聚会，大家在一起热火朝天地商量参加什么娱乐项目，有人说去唱歌，实际上你想去看电影，但最终你没有提出自己的意见，而是默认了跟大家一起去唱歌，结果别人欢天喜地happy（开心）了一晚上，你一个人默默度过了一个无聊的夜晚。

你应该学习表达你的意愿，做一个有主见、有原则的强势女人。没有主见的女人就像挺不起腰杆儿的芦苇，风一吹就倒。

找到自己的内心，表现真实的自我对你来说很重要。建议你试试以下方法：

写出自己的想法，加深印象

通常容易违背内心、屈从他人的人，除了自己本身意志不坚定外，也因为对自己内心的需求了解得不够清晰，不知道自己到底想要什么。这时，你先不要强迫自己去遵从内心、拒绝他人，而应该先听听自己内心的声音，并将这些声音清晰地记录下来，无论它有多微弱。

　　你可以先从一些不需要立即做决定的事务开始练习。比如看完一场电影后，你觉着这个电影是好还是坏，或是对它有什么其他评价，把你的观点清晰地写出来。每天你要求自己必须对某一件事做出评价，哪怕是议论同事的性格善恶，当然了，这个是你的秘密，只要你一个人知道就行了。任何时候都不要小看了自己的这些看法，大千世界，支持你观点的人很多，你的观点很重要！

　　提出自己的主张，发出自己的声音

　　这一条，你也可以先从自己一个人的时候开始练起。比如，周末去看演唱会还是看篮球赛，当你犹豫不决时，你可以分析一下你希望从两者中获取些什么，哪一种更能让你内心感到满足，然后再做决定。慢慢地，你的决策能力就会逐步提高。然后你要逐渐学会在集体中说出你的主张，让大家听见你的声音。这其实是一种自信心的体现，不要怕没人响应你，也不要怕别人的想法比你的想法好，把每次接触别人意见的机会都当成提高自己的机会，而不要看作自己体会挫折感的机会。很多人不敢表达自己的主见和观点，就是因为之前有过受挫经历，导致之后丧失了表达的勇气。事实上，没有一种观点是无可挑剔的。如果你没有做对一个决定，那么正确的态度是，你应该借此去学习一些东西或者了解一些知识，避免下次再犯同样的错误。

02 别被客套的肯定和夸赞蒙了眼

在生活中，我们总会遇到被人夸奖的时候。"小靓，你今天穿的这条裙子好漂亮。"

"小靓，你今天会上提出的那个创意点子真好，领导都夸你了呢。"

我们被人夸奖，虽然内容不尽相同，但被夸奖时心里那种愉悦的心情，想必每个人都是一样的。

一个人如果不把赞美当回事，就会把别人的好意浪费，也是一种不尊重别人的行为；但一个人若把赞美当回事，就容易被它屏蔽了双眼，导致无法认清真实的自己。

成也萧何败也萧何。我们需要理智地对待夸奖，在认真听取别人赞美的同时，也要清晰地明白，自己到底有多少分量。仔细听，却不较真。若一个人太把赞美当回事，终会迷失自己，阻止自己前进的步伐。

◎ 虚荣让人因小失大

人多少都有点儿虚荣心，在不伤天害理的范围内都爱吹点儿小牛，至于说称赞，可能有的人会愤愤不平地说，自己就不爱听这个。这样的人也有，虽然别人夸他，他看上去满不在乎，甚至不屑；但别人如若批评他两句，他血压立马就得往上冲，后果难料。所以，归根到底还是内心潜伏着一点儿小虚荣，无非是自己没看到罢了。都是俗人，您就甭装圣人了！

我们包容适当的虚荣，但不容忍过度的虚荣。因为过度虚荣正是"不好意思"这一病症的主要诱因之一。

小曼就是那种虚荣心潜伏得比较深的人，多数情况下她以端庄、干练的形象示人——一头乌黑精致的短发，一袭银灰色的女士小西装，搭配一件黑色职业短裙，在办公室里颇有些英姿，尽管小曼长得不属于秀外慧中的类型，但其职业装扮和个人气质还是有一种所到之处令人眼前一亮的"媚"力。

从色彩心理学的角度看，喜欢穿银灰色、黑色的人，大多比较沉稳、干练，生活四平八稳，比较有规律、理性。仅从职场上的表现看，小曼确属这一类人。但再沉稳的人在生活中也会有一些个性的表现。

有一次，同事们在小曼家里聚会，饭后嬉闹之余，无意中看到小曼老公的手机通讯录上有个名为"皇后"的联系人。大家猜测这个"皇后"估计是小曼老公的妈妈，然后就打趣说，小曼起码也得是"太子妃"那个级别的身份。岂知小曼老公苦笑着说，哪里啊，这个"皇后"就是我们家小曼！大家恍然大悟，看来有句话是对的——"天下没有一个女人不是虚荣的"。

其实细心的同事早就发现了，小曼在公司里就表现出了一定的虚荣心，比如有个刚毕业的小女生刚进公司时，称呼小曼为"小曼姐"，小曼就告诉对方说："你还是叫我小曼老师吧。"尽管语气平和，但能听出其中的不乐意。

有的同事不是太理解小曼的这一行为。其他同事则分析道，"姐"的称谓和"老师"的称谓有距离和学问上的区别。叫"姐"呢，比较模糊，对平级和上级都可以称呼姐，对称谓比较在乎的上级就会觉得你拉低了她的身份，而且叫"姐"多有拉拢心理距离的嫌疑。叫"老师"呢，尊重的程度明显上升了，在公司里，"尊重"和"客气"是下级与上级相处时最明显的特征，这就体现出"老师"这一称谓的重要性。而且这个称谓一般来说可以拉开心理距离，让新人感受到来自上级的威严。

事实上我们在现实中很少有人会刻意区分这两种身份。对这个太在乎一是说明了对自己的不自信，二是体现了潜在的虚荣心。也就是说，更明确的称谓和更高的位置能带给她更多的满足感。

老板深谙小曼的这一心理。在小曼年初提出离职时，老板正是利用小曼的这一心理留下了她。

事情是这样的：有位猎头在受到一家上市公司的委托后，主动联系了小曼，认为她的工作经验正好符合这家公司的职位需求，希望她能跳槽过去，各方面的待遇都要比目前这家公司高出不少。小曼了解了这家公司后，心动不已，于是就找老板谈离职。

老板说话很讲究，他从三个方面来挽留小曼，第一就是戴高帽。"首先我要说，你确实是这个岗位上的高手，否则也不会有其他公司要来挖你。不像其他人，你的高，不在技巧，在境界；你是那种内心有大气魄、有大格局的女人。这一点我是一直看在眼里并且很钦佩的。"这几句夸奖不同凡响：第一，来自老板；第二，不同于同事泛泛的、常见的称赞用词；第三，这几句话真正说到了小曼心里。所以说老板之所以能当老板，一定是有两把刷子的。把话说到心坎里，是老板们的绝杀技。

第二，老板给小曼分析跳槽利弊。"你是咱们这边的重点员工（看看老板多会开发新词），大小事务都依赖你，在这里你享受到很多默认和附带的权力。也就是说，虽然你没有经理的身份，但是实际上你执行的是经理的事务和职权。我作为企业的负责人，对你的信任，其他同事看在眼里，可能要比某个职位所能给你带来的利益和尊重更多。"对老板说的这一点，小曼也只有在心里默默点头。

第三，当然是画饼充饥。老板们无论前面说得多么天花乱坠、纷繁复杂，最终都要走这一条路，什么"即将去美国开辟新战场对你是机会""刚好前几天某个部门经理走了正准备提拔你""这个项目年底可以分到多少红利"等等。相信很多人有过这些经历，就不必赘述了。

这三条讲完，小曼感觉自己的眼眶都湿润了，刚才那些戴高帽的话还在一遍一遍地抚摸着小曼温润的心。混了多少年了，知己难得啊！没想到最了解自己的人竟然是自己的老板啊！士为知己者死，有这样知人善任的英明之主，不誓死为他效忠，你好意思吗？

然后，小曼戴着虚荣的小红帽，得意扬扬、内心富足地回到了自己的办公桌前。她又要开始新一轮的拼命工作了。

◎ 虚荣心从哪里来，到哪里去

虚荣心，人皆有之，古往今来，不论男女老少、富贵贫穷，哪个敢说自己没点儿虚荣心呢？虚荣心是一种扭曲的自尊心，是自尊心的过度表现，追求外在、虚表的东西；表现在行为上，主要有过分看重他人评价，喜欢听别人奉承，喜欢展现自己美好、光彩的一面，盲目攀比、好大喜功，等等。虚荣心是人们为了取得荣誉和引起普遍注意而表现出的一种扭曲的社会情感，也是人类同有的一种性格缺陷。

虚荣心过强的人，性情中会慢慢渗入自私、虚伪、欺诈、浮夸等负面个性因素，他们常常为了得到称赞才去做某件事，甚至不惜弄虚作假。他们对自己的缺陷想方设法地掩饰而不是改正，他们在生活中更注重虚名而非实利。我们经常看到身边有人用很好的手机，穿很名贵的衣服，提名牌包，却在私下里千方百计地省下饭钱，甚至让自己饿肚子。虚荣的人往往外强中干，不能向外人完全袒露自己的心扉，从而导致自己长期背着沉重的心理负担。因此，长期的虚荣势必会导致非健康的情感因素的滋生。

虚荣心过强的人，往往活得很累。因为他们常常处于算计中，比如他们会不择手段，努力使自己表现得比别人强，然后，在这种自我制造的差距中获得快乐与满足；而一旦受到条件限制，他们无法体会到自己在别人面前的优越感时，就会在与别人的差距中感受到无尽的折磨与痛苦。

女人的社会属性决定了其每一步路都需要用心走，千万别因为一时虚荣心的满足，毁掉一生的幸福。

◎ 干实事，用实力支撑虚荣

如果说虚荣心对每个人都无可避免的话，那我们就用"正规""合法"的渠道来收藏虚荣。

要医治虚荣心，心态很重要。首先要理解自己的虚荣心。其次要正确看待虚荣心。适当的虚荣心可以促人进步，只有过度的虚荣才会对我们的发展有危害。最后，我们要观测自己有没有比别人更强烈的自尊心，是否总是渴望得到别人的称赞，是否总希望在别人面前保持一个强者形象？是不是对某些称谓和事物过于敏感，有强烈的追求、执着的情感？如果得不到他人的正面评价，是否会有一种失落感或自卑感……通过经常的反省，每当发现自己出现这些倾向时，就需要提醒自己，应该将更多的注意力转移到干实事上，通过干实事来培养实力，来争取真正属于自己的荣誉。用实打实的成就与荣誉来支撑和满足自己的虚荣心，这才是健康的、正面的方法。

有位朋友叫安茜，她是那种性格刚毅的人，当她发现某个生活小技能（比如摄影）能给她带来满足时，她会加倍地学习、锻炼，将自己培养成为一个高手，然后用自己的成绩来满足自己的虚荣。当然，我们并不提倡你看到什么学什么，作为一个成熟的人，首先要对自己有个规划，其次要认识到，你如果觉着自己做不好手边的事儿的话，你也很难做好其他事儿。因为你应该通过做好手边的事儿，去提高自己的能力，得到真正的荣誉，获得内心的充实与满足。

所以，当你脑子中闪现出虚荣的火花时，它其实是在提醒你，你应该更奋勇、更努力地工作了。

除了干实事以外，还有两个小方法可以摆脱虚荣心：

摆脱从众

不从众就不会陷入攀比中，就不会打肿脸充胖子，弄得劳民伤财、负"载"累累。因此，每次跟风从众时，你要先问问自己，自己到底是有这方面的需要呢，还是为了攀比？在心中衡量出正确答案后，你就知道该如何抉择了。

调整需要

商家往往会根据你的虚荣心来挖掘你的潜在需要，并通过广告、包装等手段，让你不好意思拒绝购买。这就需要你做出应对——调整自己的需要，将自己的需要清晰地列出来，对比哪些是合理、必须的需要，哪些是非理性状态下产生的需要。将那些非理性的需要一一删除即可。

03 在你没成就之前，先别强调自尊

◎ 世界只在意你的成就，不在意你的自尊

比尔·盖茨说过这样一句话："世界不会在意你的自尊，人们看的只是你的成就。"在你没有成就以前，切勿过分强调自尊。

脸皮薄的人，大多自尊心也比较强，对别人的言行比较敏感，尤其在意他人对自己的评价，受到一些言语的刺激或打击时，通常会有极端的情绪表现，要么大发雷霆，要么心理崩溃。

小娇刚做业务员时，就属于那种脸皮薄如蝉翼，跟陌生客户打个电话都要犹豫大半天，好不容易拿起话筒，脸已经红得像熟透的苹果。

小娇刚毕业就进入一家证券公司，做证券经纪人。这份工作的主要任务就是开发新客户。怎么开发呢？打电话或登门拜访。证券公司会事先给员工准备一份陌生人的电话号码簿，员工们就照着电话号码簿上的名字，一个个挨着打过去，给客户推销理财产品、推荐股票，从中抽取佣金。

这些名单上的客户，其实大多数都是已经在其他证券营业部开过账户的，证券经纪人打电话的主要目的，就是要将其他证券营业部的客户拉到自己所属的证券营业部，用行业内的话说，就是转户。

时下，各个证券营业部都很注重对客户的维护，用尽手段拉拢客户。大家的资源和优势都差不多，客户在一家待习惯后，也懒得再去办一系列麻烦的转户手续。因此，想劝服客户转户是非常困难的。

小娇像其他证券经纪人一样承受着这份工作压力。但因为脸皮薄，跟陌生客户交流时遇到很多问题，最大的问题就是紧张。一

紧张，说话就断断续续，毫无底气，说起话来语无伦次，万一再被客户打断两次，那就更没办法清楚表达了。这是当电话业务员的大忌，电话业务不同于面对面的交流，在电话中无法用简洁明了的语言、平和的语调、自信的声音将自己的意思表达清楚的话，那么这次推销基本上已经失败了一大半。所以，结果不难想象，小娇在三个月内没有争取到一名客户。

事实上，小娇的表现也是一个业务员新手的主要特征：害怕与陌生人沟通，沟通中缺少技巧；信心不足，不知道怎样应对客户的问题；如果遇到态度不善的客户，不知如何处理；等等。

有一次，因为在推销时过于紧张，小娇说话磕磕巴巴，语无伦次，正好赶上客户当时也有急事，客户刚听完她表明身份就向她爆了粗口，说她耽误自己的时间，说很清楚她干的这一行，就是骗子，下次再敢来骚扰他就报警……对方没容小娇有一句辩解就挂断了电话。小娇在电话这头傻傻地愣在那里，话筒还没放下，眼泪已经顺着脸颊哗啦啦地往下流。之后的时间，小娇再也没有拨出一个电话。

临近下班时，她走到老总的房间，递交了辞职申请。辞职申请上写着：由于性格原因，本人对此工作不能胜任，特辞职，望批准。

老总看着小娇问："年轻人，告诉我，你最害怕什么？"

小娇迷惑地望着老总的脸，不知老总这一问是什么意思，更不知道该如何作答。

"那还是让我来告诉你，我年轻时做业务员时害怕什么。"老总微笑着说，"我那会儿啊，最怕的就是电话，看见电话我就想躲得远远的，拿起电话我就想把它从十楼摔下去，砸它个稀巴烂，否则不解心头之惧。那时候简直就像得了电话恐惧症。不单单是电话恐惧症，还有说话恐惧症、交际恐惧症，凡是要开口的，都是我恐惧的。为什么呢？因为我是一个失败的业务员，是业务员队伍里的专业拖后腿人士。"

　　小娇被老总的话逗得一乐，心情也好多了，已经迫不及待地想听听一位失败的业务员是怎样做到"逆袭"的。

　　"那时，我也有过你现在的想法，觉得大概是性格的问题，自己跟这一行格格不入，吃不起这碗饭，不如早点放弃。"

　　"那你又是怎么回心转意的呢？"

　　"因为有位老前辈在我临走前说了一句影响我一生的话，今天我将这句话送给你——你害怕的，正是你应该去做的。告诉我你害怕什么？你害怕与陌生人打交道，你害怕拒绝别人，更害怕被拒绝，你害怕被质疑，你害怕被误会，你害怕被责骂……所有你害怕的，都是你应该去做的。你害怕是因为你每天拨打的电话太少，一天打一百个，打两百个，越害怕越往多里打，打得多了你就不害怕了，打得多了你就没时间害怕了。做工作有时就是流水线的生产过程，当你将自己当成一道流水线上的工具时，你就不会再带入情绪去工作，就不会再有恐惧。所谓的突破自我，不就是突破自己人性中弱势的一面吗？如果你不在年轻时修补自己性格中的缺陷，等你人到中年时就会发现，那些缺陷已经大得让你补不上了。"

　　"可是……可是做这项工作我感受不到别人的尊重，感觉自己生活在社会的最底层，毫无尊严可言。"

　　"尊严？这些都是电影里的虚词，这个社会只看重你的能力和成就。就好像你找一份工作，老板看重的是你是否大学毕业，在哪些名企有过实习经历，谁会在乎你有几斤几两的尊严？在你没有成就前，不要太强调尊严。更何况，你所谓的尊严并非真正的尊严，只是一些面子问题罢了。"

　　小娇回到家里，冷静地咀嚼老总的话语，自己所谓的自尊，无非就是面子；所谓的不合适，无非是对工作本身的恐惧。人就是这样，当你想进步时，你必须深刻地自省，找到自己真正的问题所在并去修正。你恐惧的就是你应该去做的，小娇认可并听从了老总的这句话。她重新开始学业务、练口才，每天打两百通电话，三年的苦苦坚持，小娇终于成为公司里的金牌证券经纪人，月入三万元，每天都有很多找上门来的客户。

◎ 自尊心带来的消极影响

自尊心是指个体因自身的价值、在群体中的地位而肯定自己、接纳自己的体验。我们先来看下自尊心的典型体现：自信、自爱、自负、自卑、偏激。自尊心太强，往往源于自卑，而自尊心过强则会向偏激的方向发展。自信、自爱都是自尊心带来的积极影响，自信建立在谦虚的基础上，对自己的行为抱有成功的信心。自爱是一种不允许别人随意侵犯、侮辱自己的表现。而自负、自卑、偏激则是自尊心带来的消极影响，自负是一种极端的自信，建立在自卑的基础上，自负的人往往过高地预估自己的能力，并常常主观上贬低他人，以此来确立自己的位置。自卑是比较常见的自尊消极的表现形式，理想与现实的差距往往是产生自卑的原因。偏激是自尊心达到一种因超出自我掌控能力而表现出的反社会倾向，实质是个体自负狂妄的体现。

健康的自尊心是一种通过能力不断进步、不断获取人生中的一个又一个小成就，从而积累起来的自信。而不健康的自尊心则是在未努力、无成就时，却过度在意他人看法，以致自卑、偏激等负面情绪丛生。

19世纪的俄罗斯思想家别林斯基曾说过：自尊心是一个人灵魂中的伟大杠杆。杠杆就意味着它可以起伏，意味着它有好、坏两个极端，当这个杠杆保持平衡时，才是一个人情绪最正常的时刻，也是最有利于人身心健康的时刻。

◎　如何矫正过度的自尊

既然自负和自卑都是自尊心过强的不利表现，那该如何解决这种负面心理呢？你应该利用业余时间增加自身的实力。当你有足够的实力和信心时，你会发现你已经不需要去刻意追求自尊了，因为大多数人都会很尊重你。有这样一个经典故事，职场就像一棵爬满猴子的大树，往下看都是笑脸，往上看都是屁股。当你越爬越高时，你看到的笑脸就越来越多，看到的屁股就越来越少。除了在工作中的必要努力外，在日常生活中，你可以从一些小细节去增强实力，比如：

多看科普类的电视节目或网站

不要一有空就看那些无聊的综艺片，什么《非诚勿扰》啊，"快男""超女"啊，那些感动你的对白和情节都是事先编排好的，你看着主持人明明知道一件事还故意假装不知道，再去问选手，最后选手假装痛哭流涕，这有意思吗？还不如看点儿《百家讲坛》，起码能了解点儿历史知识，跟别人聊起天来，随便说起哪个朝代，你也能凑上几句，让别人高看两眼。

自卑时多说，自负时多听

当你是一个自卑的人时，你应该多与别人交谈，并经常用"我认为""我觉得"来表达你的独特看法，在别人的认同中增强信心。当你自负时，你就应该谦虚点儿，耐心听听他人的观点，有很多观点如果你愿意仔细琢磨的话，还是很有价值的。如果你能吸取了这些价值，就等于往你的小河里又注入了一溪清水。

多去参加拓展活动

参加拓展活动，可以开阔你的眼界，同时加强你的团队合作精神。在团队的交流与沟通中，你可以得到很好的展示机会，并能从他人身上学到很多对自己有益的东西。

04 学会有所保留，不要锋芒毕露

宁愿稍微"笨"一点儿，也别做自作聪明的人。

在生活和工作中，有些女人十分没有自信，就怕自己是别人眼中最笨的那一位，所以一找到机会就拼命表现自己。她们疏忽了场合，也忘了生活中为人处世的大忌，太"毫无保留"，太"出风头"，所以很容易招来祸事。

事实上，现实生活中混得最差的，常常不是最笨的那些人，而往往是那些自以为很聪明的人。有一句话是这样说的，每个人都应当对自己的IQ做一个评估，得出的结果除去一半，再除去一半，这才等于最终的结果。

◎ 高调做事，低调做人

低调做人是指做人处世要低调，做人不能太浮夸，虽然有实力却不过度夸耀。而高调做事，则是指能够以高标准来要求自己，一件简单的事情也要力求做到最好，是一种精益求精的品格。

很多时候，许多人都做到了认真做事，却做不到低调做人。有些人热衷张扬，因为深谙"处世"之道，认为如果做了一件事情不宣扬出去，得到了一些成绩却功成不居，很容易就让别人占了鳌头，吃了闷亏。如此虽对，却殊不知有时若把握不好度，很容易就起到反效果，让自己陷入泥潭之中。

有句话是这样说的：在做事上要于过程中提高自己的素质与能力，但在做人上千万不能恃才傲物。

有时候，懂得谦逊的人才是最会积蓄力量的人，厚积薄发才能一鸣惊人。如果过早地卖弄张扬，很容易变成别人的靶子，被明枪暗箭所伤。

小吴是围棋爱好者，平常也爱书法和品茶。恰好这三样兴趣爱好与科室的领导全重合了，于是他们处长最爱找她喝茶，今天又是一个喝茶日。

"小吴啊，你是我在科室里最看好的人，虽然是个小女孩，却懂事又知礼数。"

过几天小吴就要去省级的部门报到了，科室领导看她的目光都柔和许多。

俩人喝在兴头上，小吴第一次朝领导发出了邀请："处长，今后咱俩对弈的机会不多了，今天我能和您再下两局吗？"

棋局就这么布开了，从前都是小吴输，到了后来，处长发现要赢小吴也没那么容易了，所以和小吴下棋也就这么吊起了他的胃口，直到后来他不和小吴下棋就觉得无趣。就因为这样，两人才发展出了私下良好的关系，小吴这一次能够去省里的部门，就有他引荐的功劳。

但今天这棋局显然没往常那么容易，处长下着下着忽然满头大汗，他忽然发现看不懂小吴下棋的套路了。这时候小吴开了口："处长，要不然我再让你两个子？"

处长的脸有点儿黑："你这小姑娘，看不起我了？今儿个怎么这么狂？"

"嘿嘿，这不是我要走了嘛，舍不得您。"

处长第一次发现小吴不再是沉默低调的模样，她下棋时自在的样子，哪还是往常满盘皆输的她？

这一次，小吴竟然在让了他两个棋子的情况下还赢了他，处长脸上有些挂不住了。

"小吴啊，我一直没发现你性子这么要强，你到了新单位之后一定要注意谦虚和谨慎啊，年轻人嘛。"似是在意指今天被赢棋的事情。

　　小吴笑了笑："多谢处长叔叔，这个我知道的。"

　　处长看了看棋盘，想到了过往，忽然若有所思起来……

◎ 避免太张扬，学会内敛和隐藏

　　人生如棋，需要沉稳地一步步去下，只有脚踏实地、养精蓄锐，才能得到最好的结局。就像雍正，这位史上颇有争议的帝王，他与八阿哥一同争夺皇位，经历了九子夺嫡的斗争，成为最终的获胜者。作为一个继位者，他能笑到最后势必有自己的优势所在。

　　历史上雍正是一位十分隐忍与内敛的人，争夺皇位的初期他避而不争，经过多年的养精蓄锐到了最后，已基本壮大了实力。康熙帝去世时，他已控制住了全部的局面。

　　孔雀开屏的确很漂亮，能够吸引所有人的目光，如果在生活中也像只孔雀般，无论到哪儿都希望成为众人焦点，最终拖累的只能是自己。

　　在生活中、工作中，我们要避免给别人造成太张扬的印象，只有不断积累经验与能力，脚踏实地才能最终成功。否则，过分彰显自己，就会遭受更多的打击，暴露在风雨中的果子，自然最先腐烂。

　　热衷张扬，只能是昙花一现，只有学会内敛和隐藏，才能在最好的时机，为自己寻求到最好的发展。小吴是这样做的，而雍正也是。我们要勇于在生活中承认自己的不足，遇到不会的要坦率地向人请教，放低做人的姿态，提升做事的成效。

　　要学会低调做人，高调做事。做人不要过分张扬，要与周围的人保持协调，狂妄易败，只有谦虚才能够源远流长。

　　在人际交往上也是这样，我们不需要朋友仰望自己，只有平易近人，才能拥有一份好人缘，给人尊重与发展的空间和余地，才能够最终达到共赢。这是一种人性的修养，也是心怀众生的情怀，是一个成功人士所应具备的心态。

切记：以退为进，以低就高；深藏不露，外抑内扬；持盈若亏，不骄不狂。

◎　太过于招摇是一种很危险的状态

在职场中表现中庸的人虽然不容易升到权位的最高峰，却可以在这个战场中找到属于自己的位置。安身立命没问题，不容易招惹太大的祸事，反而还能找到好的时机循序渐进地升职。再不济，成了周边人的"好大姐"，也不容易被冠上"狐狸精"的名号。

此时，再回过头来看看自作聪明的人，往往会引发身边人的反感。太过于招摇是一种很危险的状态。

佳佳今年三十出头，女儿三岁后就送进了幼儿园，她也得以有机会再重返职场。在投了将近一千份简历后，她终于找到自己满意的工作，进了一家广告传播公司，成为一名市场策划专员。因为她有相关职业的经验，所以一开始接手新工作就打响了一场完美的战役。

由她策划的一个方案被客户一眼相中，不仅如此，她所策划出来的市场开拓策划案还成功地替该客户扩宽了市场，得到极大的好评。按理说这是好事儿，佳佳正在为自己的首战告捷而扬扬自得，可怕的是这时职场暴风雨却忽然朝她袭来。

因为佳佳一入职就锋芒太过，霎时被另一位同事小珊嫉恨在心，小珊认为佳佳"抢风头"而将她列为打压的对象。就在几天后的一个大客户交流见面会上，小珊把佳佳的新方案里的所有错别字与病句用红笔一个个画出来，并且当着客户的面毫不留情地全部指出："作为我们公司的一员，你罔顾公司的信誉和公司在业内的地位，把这么差劲、具有明显硬伤的策划方案送到交流会上来。你应该明白，公司员工所策划的每一个方案，都代表我们公司的业务水平。每一个错别字都会影响到客户对我们公司的看法，甚至影响到最后合作的结果。作为一个优秀的策划人员，这是一种不负责任的表现。"

佳佳低下头，有嘴也说不清。其实这只是一份给公司内部人员交流用的初稿，还会再改的。但不管理由如何，拿一份初稿来交流本来就是不尊重他人的表现。

下班的时候，佳佳被监理请进了办公室，办公桌上放着那份画着红线的策划方案。监理说："佳佳，你的方案不错，可见你上班这一阵子很努力，但就是……"监理的批评并没有完全说出来，但已经让佳佳心灰意冷了。

◎ 学会给自己上一点儿保护色

佳佳回到家愁眉苦脸，丈夫送来一杯水，佳佳心情低落地将今日发生的事情说了出来。

丈夫笑了笑，说道："之前重返职场的时候，我让你注意一点你不听，现在惹了麻烦吧？"打完趣，丈夫才对佳佳认真地说："老早就提醒过你，现在的职场到处有暗人盯桩，你高调做事可以，但要低调做人。我觉得小珊没大错，你要知道在你来公司之前，她是首席策划员，你至少要给她留三分面子，如何和别人相处是一门学问。你才刚来，就那么抢风头，别人对你有不好的看法是很自然的。作为新人员，你要学会把姿态放低一些，虚心求教有什么不好？"

佳佳对此观点很赞同，她确实是做事太毫无保留了，一点余地都不留给别人。这一次的错误对她产生了很大的影响，也得到了不少的新感悟。

佳佳决定用一个巧妙的办法，化解之前的错误。首先，她和丈夫商量："我能不能用这次的奖金活络一下人际关系？"

得到丈夫的支持后，佳佳去找了监理："监理，我觉得上头奖励我的钱，同事们有不少功劳，我希望拿出一半宴请同事们。但……能不能请监理出面组织，最后再说是我宴请？我希望能够拉近和同事们的关系，也希望借此机会和小珊和好。"

监理对佳佳竖起大拇指。

毋庸置疑，这次活动办得很成功，大家都玩得很开心。最后揭露是佳佳宴请的时候，小珊脸上明显闪过一丝惭愧。

之后，小珊与佳佳的关系就变好了。小珊说："我很少见到像佳佳姐这样的人，能够大方地接受别人的批评，之前觉得她太张扬了，现在才发现佳佳姐很平易近人，那件事我也有错。"

在生活中，很多女人都才华横溢，但是有时做人做事太过于嚣张，例如有人犯错时，她立即指出来，用以彰显自己的聪明；有时则是咄咄逼人，太过于强硬，让人受不了；更多时候，她们随性反驳别人，也不管别人是否能够接受。

其实真正的大智慧是不显山不露水，只有满脑子皆是小聪明的那种人，才会飞扬跋扈、肆无忌惮地卖弄。

真正聪明的女人，往往会把自己的聪明藏起来。

除了要藏锋，我们还要学会宽容。有时候，宽容是比藏锋更值得学习的智慧。

05　会低头的女人更美丽

◎ **低头示弱是女人最有效的前进方式**

王姐是一家大型国企的员工，去年公司裁员时，她不幸进入减员名单，一个月后成为名单中首批被裁掉的员工之一。

王姐在这家国企干了10年有余，已经是老员工了，年纪也比较大了，像她这样的年纪，再加上上有老下有小的家庭状况，如果没有特殊的贡献或技能，那肯定是企业裁员的首选，同时这个情况也让她很难找到新的工作。

失业的几个月里，王姐心里有很多委屈，想自己在企业里干了这么多年，没有功劳也有苦劳，企业怎么能说开掉就开掉呢？一点人情味都没有。而自己学历又不高，也不具备什么专业技术，很难找到新工作。被裁员的郁闷和事业的压力，让王姐苦闷不堪。最让她郁闷的是，跟她一起进入减员名单的兰子，最后竟然莫名其妙地留下了。

提起兰子，王姐就一肚子牢骚："这个女人啊，整天娇滴滴的，一点儿重活都干不了，身体弱得一阵风就能吹跑。这样的人都能留用，我比她差在哪儿了？"

"你呀，你就比人家差在'弱'这一点上了。"同事拍着王姐的肩膀对她说，"你看你，什么时候都那么强硬，见了人家领导都没个笑脸。平常做工作的时候强势一点儿没问题，但该低头的时候也得低个头。你看人家兰子，听说上了减员名单，立刻就去找领导沟通了，一把鼻涕一把泪地跟领导讲家里的困难——孩子要上学，老人要看病什么的，那个柔弱劲儿立马就把领导给打动了，领导当时就同意帮她再争取争取。别说领导看着受感动，就是你我在旁边也能被打动了。你再看看你，成天一副清高孤傲的样子，明知上减员名单了，也不愿意低个头赔个笑脸找领导去谈谈。领导也是人啊，你对他好点儿，他心里也念你好；你整天对他爱搭不理的，他对你能有好感吗？其实啊，这是一个道理。在领导面前低个头，不算丢人，经常给他们低头哈腰的，他们不一定能记住；但经常对他们爱搭不理的，他们一定牢牢记在心里：将来就是裁员的不二选择。"

王姐低头道："这道理倒也明白，但有时候真那么做就觉得很不好意思，平常清高惯了，头昂着舒服，低下来难啊！"

"只要能保住工作，低个头有什么不好意思的？现在出去找工作，不一样要给人家老板低头赔笑吗？"

王姐听完默不作声了。

◎　低头示弱，其实是一种姿态

中国古人对女人有一种属性界定，认为男人进入社会闯荡要靠其社会属性，而女人则要靠其自然属性。这里的社会属性就是说，要靠经过在世面上打磨后具备的生存能力，这个能力有多强，决定男人能走多远，以及在家庭中的地位。而自然属性就代表上天赋予你的属性，比如美貌、娇艳、柔弱……所以说，女人在古时总被称作"弱女子"，就是打心眼儿里认为女人天生要比男人柔弱。在西方也有"女士优先"的说法，都是人们对女人的认知表达。当然，其背后隐约包含着一丝对女人的轻视心理。但这一心理，恰恰是可以被女人拿来利用的。很多聪明的女人就懂得利用自己的"自然属性"，在社会上谋求更高的职位或社会地位。

低头示弱，有时候对女人来说简直就是杀手锏。否则就不会有一个词叫作"怜香惜玉"。中国男人对女人大都有强烈的同情心，在严歌苓的小说《陆犯焉识》中，思想开放、学识渊博的陆焉识，对自己守旧的恩娘和妻子有很多不满，甚至拒绝与妻子相好。但每次他要发火或发狠的时候，总是被她们柔弱的眼神打败。他觉得她们可怜，他对她们的感情与其说是爱，倒不如说是怜惜。在现实中也是一样，一副强硬的表情去求人办事，肯定会被扫地出门；但一副楚楚可怜的表情，肯定会为自己赢得几分同情。没错，如果把撒娇看作博好感的话，那可怜就是博同情。人都是感情动物，你抓住了人在感情上的弱点，就抓住了一个人的关键。

在前面我们提到了很多"患"了"不好意思病"的患者，通常为性格内向的女孩子，她们大多不擅长与人打交道，稍微遇到些需要去争取或主动的事情，她们就会出现"不好意思"的心理。这一节恰恰相反，本节的"不好意思病"倒是常出现于性格爽朗、豪迈大气的女孩子——也就是我们平常说的"女汉子"身上。

"女汉子"是怎样一种存在？可以是威武的，可以是豪爽的，可以是有脚臭的，甚至可以是虎背熊腰的，她们唯独拿不出的一种形象就是像个小女生一样撒娇示弱，真让她们这么干时，就轮到她们"不好意思"了。没错，再强大的人也会有不好意思的心理，只是刺激她们出现这种心理的机制或环境相对较少而已。

对女汉子们来说，让她们低头示弱简直是一件比砍头还难的事儿。这些人上了战场个个能当巾帼英雄，那是因为在心理上，她们已经认定了一种人生观，或者说价值取向。她们认为豪爽、硬朗的作风才是她们所追求的，让她们玩娇羞扮鹌鹑，她们扮不来。其实这也是一种爱面子的心理在作怪，关键时刻，可能你低个头、示个弱就能给自己争取到很好的利益和处境。其实所谓的撒娇也好，示弱也罢，无非就是一种姿态，把姿态摆低点儿，事儿就容易成。姿态太高，谁看在眼里也不舒服。换位思考一下，是不是这个道理呢？

◎　关键时刻，女人要学会说软话

女人示弱更有力量，这一法则不仅适用于职场，更适用于家庭生活。

社会心理学家指出，适当地在别人面前表现出你比较脆弱的一面是一种坦诚与接纳的态度，会让别人产生想接近的感觉，可以很快拉近人与人之间的心理距离。在生活中，我们完全不必总是刻意想着在别人心中树立一个完美的、坚强的女强人形象，这种形象多少是不真实的。只有适时适当地展示自己脆弱的一面，才会让别人相信你有真诚交流的心，才能拉近你与别人之间的距离，让你的生活中进入更多温暖的阳光。

示弱还是一种策略，所谓"大智若愚，大巧若拙"就是这个意思。灵巧的人显出愚笨，那只是一种迷惑对手的策略，让他觉得你是弱者而放松警惕，这时正是你励精图治、大谋发展的好时机。等兵强马壮了再反戈一击，让敌人连还手的机会都没有。

女人示弱有这样一些方式：

关键时刻要会说"软"话

俗语说，一句话能把人说跳，一句话也能把人逗笑。关键时刻能说一句逗笑别人的话，想必能让你更容易达成心愿。多数时候，人们更愿意与说话温和的人接触。柔和的言语、谦恭的词句，更容易引起他人的好感。关键时刻，尤其要学会说软话，能说动对方的耳根子，你的话才有说服力。如果只为一逞口舌之快，痛痛快快说了半天，最后一点儿效果也没有，那就等于白白浪费唾沫星子。

即便需要强硬表达时，也要学会硬话软说，将不退让的意思表达出来，但情绪上仍要保持温和，这样对方会更容易接受。

撒娇是另一种示弱方式

示弱是女人前进的武器，而撒娇便是示弱的一种方式，几乎没有一个男人可以拒绝女人柔软的嗓音，只要女人一撒娇，男人们天性里的大男子主义便会被激发出来，然后心甘情愿乖乖听命。

你想想，当老公外出喝酒时，你用下面哪种方式喊他回家会比较有效果呢，一种是"死鬼，喝死了没呢？还不快给老娘滚回来！"另一种是"亲爱的，你在哪儿啊？一个人在家里好无聊啊，你快回来陪陪我吧！"相信大多数男人都喜欢听到后面这一句。因为女人的示弱往往能激发男人的保护欲，雄性激素就会在这个时刻开始扩散，在大男子主义情怀的感召下，别说只是让他回家，就是让他为你慷慨赴死，他也在所不辞。当然了，无论是撒娇还是示弱，都要分场合、分情况、分对象，否则效果可能适得其反。

06　逃避不能解决问题，女人也要能担当

遇到困难，不同的人有不同的反应。单纯的女人会逃避，会把头埋起来，选择掩耳盗铃的方式来疗伤。虽然现实有好有坏，有美也有丑，可是这才是真实的社会，是你注定要与之一生共存的。女人们不要再躲避了，面对现实吧！成长就要经历无数的挫折和失败，越逃避越逃不开失败的命运，敢于迎难而上的才能够品尝成功的甘甜。你要始终保持清醒的头脑，努力培养自己各方面的免疫力。即使你年纪尚轻，也要做一个生活的强者，让世界为自己所用，让现实为自己服务。

◎　逃避能改变现实吗

作为家中的独生女，刘博一直备受亲人的宠爱。刘博也的确争气，不仅在家里很听话，在学校也是一个标准的好学生，每个学期都能捧一张"三好学生"的奖状回家。

街坊邻里的夸赞，老师号召同学们以她为榜样，都让刘博甚为得意，更加肯定自己的一贯做法，把学习当成了唯一的使命，书本就是她的天堂；回家后，就一头钻进自己的"小天地"里，不论是周末还是漫长的假期，从来都不找朋友玩。

久而久之，刘博这种"封闭"的习惯就养成了，每天都是学校家庭两点一线，除此之外，几乎从没去过任何地方。

上了大学后，别的女孩都有了男朋友，刘博也很快有了自己的男朋友，但是这突如其来的爱情却让刘博不知所措。因为受不了她封闭的性格和因不善表达而表现出的冷漠，男朋友很快就提出了分

手。失去爱情之后的刘博再度回到自己的"小世界",而且感觉相当不错。"小世界"才是属于她的温馨空间,这里不会有拒绝,不会有不理解,不会有伤心,她心中所憧憬的完美爱情仍然在她的象牙塔里光辉灿烂。

很快,大学生活匆匆而逝,同学们都开始忙于找工作和考研,这一切让刘博再次惊慌失措。她的小世界仿佛走到了尽头,她像只迷路的小鹿,对外面的世界充满了恐惧:工作似乎是她从来没想过的事情,恋爱离自己也十分遥远。该怎么办呢?她十分迷茫,于是整天把自己关在屋子里,不出门,很少说话,偶尔翻翻书,然后久久地发呆。父母对刘博的状态担心极了,却不知道怎样解决。

一直躲在象牙塔里封闭自己,是导致刘博出现这种后果的根本原因。而生活中,有着类似逃避经历的女人并不在少数。

◎ 女人为什么喜欢逃避?又到底在逃避什么

一个显而易见的答案是:逃避现实。女人不想长大,不愿面对世界的真相,因为现实太无情,而女人太多情。女人自小到大,受到的教育一直是"真善美",却发现现实生活竟有如此多的"假恶丑",于是感到难以接受的女人们便选择了逃避。尤其是从小就置身于"被关爱"环境的女人,一旦遇到困难,便向亲朋和恋人求助,这已经成为一种本能。而男人的自告奋勇和大男子主义,相当程度上激励了女人继续逃避。

其实女人最难面对的不是客观世界,而是自己的内心。很多时候,女人根本理不清自己的思路,不知道自己该追求什么,又该舍弃什么。于是,她们心里便充斥了太多的痛苦、挣扎与无奈。虽然她常常做别人的心理导师,但自己遇到问题时,却总觉得无能为力。这也是女人一有感情变化,就会找闺密或陌生人倾诉的原因,她必须通过一种安全的倾诉来确认内心所想。如果她找不到这种渠道，就只能逃避。

女人不愿意面对现实，与其说她们愿意屈从命运，还不如说她们更喜欢通过逃避获得怜爱，借助男人的帮助改变命运。

一个嫁给法国男人的中国女人在一个帖子里这样写道：很多女人到法国，是为了寻找浪漫，是为了逃避在国内受到的伤害。但是更多的女人，在法国没有找到自己期望的爱情，却知道自己曾经失去的有多么美好。

其实，最好的方法是面对现实，认识自己遭受挫折的原因，使自尊心、自信心、主观能动性和情感的自我控制都得到增强，从而走出困境，成为生活的强者。其实，挫折和困境本身并不都是坏事，关键在于你能不能正确地对待它，勇敢地驾驭它。

首先，要面对现实。"事已至此，愁也没用"，是许多人面对现实的态度，它可以使人冷静思考，做些必要的事情，避免事情进一步朝着不良的态势发展。

其次，要学会在危机中寻找机遇。遇到问题，善于全面地分析形势，寻找适合自己的出路，努力使事情有所转机。

再次，找亲友谈心，寻求他人的帮助。俗话说"当局者迷，旁观者清""三个臭皮匠顶个诸葛亮"，向亲友倾诉，不仅可以缓解心理压力，还有助于找到解决问题的好办法。

最后，总结失败的经验教训，重新认识自己的优势与不足，最后再做出适当的选择。同时，也要疏导一下挫折所导致的不良情绪，如外出旅游、与朋友一起玩乐等。

正如鲍狄埃所说："力量不在别处，就在我们自己身上。"愿你从这句话中，悟出你的力量和勇气，然后勇敢地去面对周围所发生的一切吧。

◎ 都接受了最坏的情况，那还有什么是不能承受的呢

当初孙青青打算嫁给张小鹏的时候，她的父母十分反对。但那时她觉得这个男人就是自己的真命天子，为了回报他的爱情，她中止了大学学业，义无反顾地和张小鹏私奔到上海，他们从爱情的宫殿一下跌到了生存的危机线。

整整十年，他们携手创业，直到今天的一个公司、八个连锁店。在这十年中，丈夫一直把她捧在手心里，而她也全心全意地扶持他的事业。

那天，孙青青去商场购物，丈夫说晚上有应酬，让她买完东西后自己回去。在商场里，孙青青遇到了小学同学简芳，好久没见的两人特别兴奋，买完东西后，简芳跟着孙青青回到家里叙旧。晚上九点过了，孙青青想让丈夫驾车过来，把简芳送回家。拨通了丈夫的电话，孙青青想让丈夫猜猜是谁，就把电话交给了简芳，只见简芳刚"喂"了一声就皱着眉头没有了声音，而后才听她说："你知道我是谁吗……"

孙青青接过电话，丈夫说："今天会闹到很晚，你让她自己回去吧！"

孙青青有些不快，从来他都是顺从的，今天遇见稀客，他也不愿理会。简芳说："他并不知道是我啊，为什么我才喂了一声，他就说'今天要晚点到'呢？"简芳似乎有所感觉。可是她又不敢相信，谁都知道孙青青和丈夫的婚姻是最美满的。简芳自言自语地说着，孙青青的脸色却变了。孙青青沉默了一会儿说道："走吧！既然他不来，我叫出租车送你！"

送走简芳，孙青青坐在沙发上等丈夫回来。那一晚，觉得十分委屈的她和丈夫大闹了一场，丈夫承认了自己有外遇的事实，坦白了一切。

　　孙青青整整哭了三天，她不愿意出门，也不愿意见任何人。而丈夫为了避免与孙青青吵闹，也不再回家。十几天后，当孙青青看到镜子里的自己时，她惊呆了。这个头发蓬乱、眼窝深陷的女人还是自己吗？她觉得自己不能再这样下去，可仍无法接受遭到背叛的事实，于是她去找了心理医生。

　　听罢她的讲述后，医生说："你想过最坏的结果是什么吗？"

　　"最坏的结果？"孙青青想了想说，"离婚吧！"

　　"那么你害怕离婚吗？"

　　"不怕了，如果没有爱了，那婚姻还有什么用？"孙青青说。

　　"既然你连最坏的结果都不怕了，你还怕什么呢？"

　　那天回到家，孙青青把丈夫叫了回来，对他说："你自己选择吧！不论结果如何，我都可以接受。另外，天冷了，你要是还打算出去住，就把厚衣服带走吧！"

　　那一晚，丈夫住在了家里。

　　之后的日子里，她再没向丈夫提起过那个女人，而是活得更加精彩，时不时地约好友逛街或者去健身、美容，并一如既往地照顾和体贴丈夫。

　　事情的结果是，丈夫终于想通了，并没有选择离婚，而是与那个爱慕他钱财的女人断绝了关系，回到了孙青青身边，从此更加疼爱她。

　　忧虑带给我们的危害非常大。比如，再没有什么比忧虑能使一个女人老得更快，使她脸上的皮肤产生斑点、溃烂和粉刺，以致摧毁她的容貌；忧虑使我们老是愁眉苦脸，导致我们头发灰白，有时甚至会使头发脱落。如今患心脏病的人越来越多，其中，有很大部分人都是由于忧虑和过度紧张的生活引起的。

CHAPTER 6

与其为爱痴狂，不如聪明爱一场

01 聪明的女人首先投资自己

著名作家梁晓声说：假如我是一个寻常的女人，我将一再地提醒和告诫自己——决不用全部的心思去爱一个男人。用三分之一的心思就不算负于他们了，另外三分之一的心灵去爱世界和生命本身，用最后三分之一的心思去爱自己，不自爱的人无自尊可言，唯有爱自己的人才能得到别人的真爱。以全部心思爱一个男人的任何一个女人，其代价必是全部的自尊，而丧失了自尊的女人，最得意的婚姻状态也不外乎是男人最得意的附庸。

◎ 先爱自己再爱王子

美国的克尔·琳达在《关于女人爱己的祝愿》一书中所说："许多女人总以为只有先爱别人才能得到幸福，其实这正是一生深陷痛苦的端点。实际上，只有先爱自己的女人，才能真正赢得别人给予的幸福。"

爱人要先爱己，只有爱自己的人才能值得别人爱。在你见他第一眼就怦然心动以后，别克制不住，急着勇往直前，这时一定要悠着点，给自己留下足够的后退空间。千万不要把自己的所有都敞开给一个你并不是非常非常了解，甚至还没有对你敞开一点儿真心的人。

随着通信越来越发达，女人们接触优质男的机会也越来越多。然而物极必反，在这样的环境下，很多女人眼花缭乱、挑不胜挑，长期折腾后的感觉是大脑短路、疲倦，是麻木，是力不从心。

时尚美女陶陶是聚会女王，她男伴众多，隔三岔五地换来换去。别以为她是花心，她只是没有办法让完整的爱在某一个人身上固定下来。每当发展到一定程度，新鲜劲一过去，感情深入不下去，她便兴味索然，然后便不了了之。她自己也很惶惑，不是她不愿用心，而是心无力。

陶陶像蝴蝶一样，在男人堆里飞进飞出，却又感觉千人一面。即使有看得顺眼的男人，她也不愿意放纵自己投入进去爱，顶多在遇事不顺、心情苦闷的时候，把他约出来聊聊天、喝喝咖啡、吃顿饭罢了。因此每一位男友的离开，都不会激起她恋恋不舍的感觉，也就是难受几天罢了：第一天有些怅然所失，第二天有些闷闷不乐，第三天买回薯片、可乐大嚼大咽，到第四天，差不多就一切风平浪静了。

在别人看来，陶陶是一个乖巧玲珑的女人。虽然不时会出现让她有好感的男人，但她一旦确认对方并不值得全权托付，便会很小心地绕开"雷区"，让好感只停留在好感之上。她说："一点点的爱意，浅尝辄止，算是情感空虚时的填充物吧。人总有特别孤寂的时候，这样零打碎敲的感情依靠，也能带来某种安慰。我的年龄和阅历已经告诉我，如果爱有十分，那么最好控制自己只给出五分，这样可进可退才是安全的。"

举这个例子的用意绝不是要教大家不认真对待感情，玩弄感情，只是想告诉女人们，还是矜持一点吧，爱一个人，开始不要爱得那么多。等你发现他好到足够你去爱的时候，再去用心爱。一个能让你真正动心的人，一定是个时时刻刻都在为你着想的人，而不是无时无刻都在索取的人。

女人要理智，无论你是美人鱼还是灰姑娘，首先只有好好地爱自己，才有资格得到别人的爱。不要轻易相信他深情款款地握着你的手说"我爱你"，你要明白，这个"我爱你"往往是有保质期的。你必须在有限期前很好地使用。否则，食用过期的食品会拉肚子，纠缠于过期的感情则会为你以后的幸福留下阴影。

女人要懂得，不滥用自己的感情。尤其是当你过了25岁之后，谨慎对待那些年下男（弟弟）们特有的痴狂和执着。因为他纯净坦率的嘘寒问暖，风雨无阻的上下班接送，或者为了你轻轻的一句想吃什么东西而半夜跑遍所有商店，如此种种，让你感到了久违的温暖，打动了你寂寞的芳心。然后你就开始慢慢地让自己相信，诸如思想没有差距，年龄不是问题，财富可以拉近距离之类的谬论。

你最好不要去轻易尝试这种在主观和客观上都没有太高安全系数的游戏，除非你有这样的心理准备：在你人老珠黄的时候，看着自己昔日一手调教出来的男人，今朝成了哪个年轻女人的温柔体贴的丈夫，除非你真的是"万人迷"，否则，还是宁愿当个平凡的"结婚狂"，总比日后蓬头垢面地对着镜子空叹白白为他人做嫁衣来得实在。

爱情其实是两个人的战争，相比"全身心"投入，更需要"智慧"的参与。女人要相信自己有照顾自己人生快乐与幸福的能力，明白自己应对自己100％负责，不能轻易把自己人生快乐幸福的控制权交给别人。

每一个女人都是一道风景，都值得拥有一份属于自己的爱情和天空。但前提是你要建立自信，积极地自我成长，好好地规划自己的生涯，主宰好自己的人生。所以当你爱上一个男人的时候，先别任由爱意泛滥，要先问"我爱不爱自己"。有时候等不到可以爱的人，暂时的孤单也是一种享受。

◎ 修炼自己，完美恋爱

我们要努力使每一天都开心而有意义，不为别人，只为自己。

大多数女人都认为男人一般比较喜欢温柔娴静的女人。事实上，对付男人要懂得分寸，恋爱之道贵在一张一弛。这其实并不难，你不要一味地顺从，要学会撒娇，学会吃醋，学会生气，学会野蛮，这样才能赢得健康完美的爱情。

爱情中的女人要学着掌握主动权。怎样才可以让他更爱你呢？我们都知道，美丽依旧是不变的致命招数。女人要学会打扮，让自己美丽，以便抓住男人的心。美丽不是单纯的外表，而是要从心到外的改造过程。就像传说中的孔雀翎，它是世间最致命的暗器，出现时如同所有的鲜花在同时间开放，灿烂而炫目。对女人来说，要想留住自己的爱人，就要让自己追求像孔雀翎般灿烂，让他无暇"她"顾。

男人大多比女人更富有创造力，往往不满足于拥有一次选择的机会，因此从天性上来说，他们并不善于珍惜对自己死心塌地的女人。因此，你应该做个聪明的女人，适当地增加交际。有些女人视爱情如生命，将他当作是自己的全部和唯一，他的喜怒哀乐，甚至一个喷嚏都能牵动她的心。两个人吵架，先低头的总是她。正因为这样，往往就会纵容男人，让他以为你铁定不会离开他，变得更加骄傲和蛮横。

你可以去爱一个男人，但是不要把自己的全部都赔进去。没有男人值得你用生命去讨好。从现在开始，聪明一点，不要问他想不想你、爱不爱你？他要想你或者爱你自然会对你说，但是从你的嘴里说出来，他会很骄傲和不在乎你。平等公正地对待你和他的爱情，脚踩很多船最终会翻掉。还有，不要24小时都想念同一个人，可以分一点给家人和朋友。

你若不爱自己，怎么能让别人爱你？疯狂的事情经历一次就好，比如翻越千山万水地去看望一个人。如果发短信给你喜欢的人，他不回，不要再发。孤单的时候找好朋友聊天、逛街、吃饭。不要让孤寂淹没自己。万一不小心喝醉了酒，不要打电话给他。

除了心爱的男人，你最好有几个没有非分之想的男性朋友，能在受到委屈时拿他们的胸口当沙包捶；可以在深夜把他从床上揪起来去很远的地方接你；你也能帮他们出主意追女朋友。当然，你要学会在对应的环境里面扮演适宜的角色，分清主次。这样一来，既可以丰富自己的生活，又可以借机多了解一下男人，另外也会让另一半更加紧张你。

做个聪明的女人，任何时候，不要为一个负心的男人伤心。如果一个男人开始怠慢你，请你离开他。永远不要无休止地围着你喜欢的那个男人转，尽管你喜欢他喜欢得快要死掉了，也还是要学着给他空间，否则，你要小心缠得太紧勒死了他。

对于不懂得疼惜你的男人，不要为之不舍，更没必要继续付出你的柔情和爱情。当一个男人对你说：分手吧。请不要哭泣和流泪，应该笑着说：等你说这话很久了。然后转身走掉。女子要懂得，所谓伤心，最终伤的是自己的心。那个男人若是无情，你更是伤不到他的心，所以，收拾悲伤，好好生活吧。

如果你决定爱上一个人，时间拉长一点，看清楚是否适合你；如果你决定离开一个人，行动要快一点，快刀斩乱麻。你要知道自己要什么，包括你爱的男人。请认真地对待你的工作，它也许不如爱情来的让你心跳，但至少能保证你有房子住，有饭吃，而不确定的爱情则给不了这些，所以，无论什么时候，都要认真努力地工作。另外，你要有固定的消遣场所，比如相对固定的咖啡馆、书店，在那里结识一些朋友，这样会在孤单时，你也有个温暖的去处。永远不要为了任何人任何事折磨自己。诸如绝食、抑郁、自闭，这些都是傻瓜才做的事。当然，偶尔傻一下也无妨，人生不必时时聪明。

如果一个男人对你说他爱你，相信他；如果他说不再爱你，也相信他。爱那个爱你的人，如果只是你爱他，或者只是他爱你，趁早分开。女人不需要他人来假装疼爱自己，也不需要假装疼爱某人。如果可以，和相爱的人牵手到老。原谅那个让你难堪的男人，一个被原谅的男人最后会后悔失去一个像你这么宽容的女朋友。任何时候，你都要记住，一个不爱你的人离开，是幸运。

在找不到合适的人选之前，先学会欣赏自己这道唯一的风景。在爱情里，要时刻学会做个睿智的女子，如果能从容地面对爱情，你也就学会了如何面对生活。幸福不是靠命运，是靠自己去积极争取的。积极面对生活，生活才会如你所愿，如同明早太阳依旧会如时升起一般。

◎ 学会扬长避短

女人切记：幸福不是长得漂亮，而是活得漂亮。所以不必纠结于长得不够美，关键要学会爱自己、悦纳自我、调节好心理，然后改善自我，而不必劳命破财、伤筋动骨地折腾。爱我所有，扬长避短，是一种大智慧，也才有真正的自信。也许你没有倾国倾城的容颜，但你是一个令人感觉舒服的人，这就足够了。

有一则笑话这样说：

一个女人提着高跟鞋走进鞋店，请店主替她把鞋跟的软木锯短一些，店主答应了。

过了一个星期后，这个女人又来了，她问店主："上次请你锯下的那两块软木鞋跟还在吗？我想再请你帮我粘上去。"

店主对这个要求很感惊讶，便问其原因。女人回答说："噢，这个星期我换了个男朋友，比之前那个高多了。"

看看这个女人多会扬长避短！试想，一个又高又壮的女人和一个又瘦又小的男人站在一起，效果应该不会很好吧？相同的，如果一个男人个子很高，他的女友却很娇小，娇小到女友撒娇的时候，男人还要弯下腰看女友的表情，这不也成了太过搞笑的画面了吗？

　　女人一定要善于经营自己的长处，来给自己原来平凡的人生增值；若是整天和自己的短处纠葛在一起，则可能会使你辉煌的人生贬值。比如，通常女人年过35后，就应该将成熟优雅的风姿作为自己最大的资本了，这时倘若还和青涩少女一般，故意矫揉造作就令人讨厌了。"东施效颦"说的就是这样一个故事：

　　春秋时代的越国有一位倾国倾城的美女名叫西施。西施善用淡妆，衣着朴素，无论走到哪里，都有很多人向她行"注目礼"，无一不惊叹于她的美貌。然而，西施却患有心口疼的毛病。有一天，在她外出时，病又发作了。她就用双手捂住胸口，并在难忍的疼痛中皱起了双眉。没想到，这在不经意之间流露出的娇媚柔弱之态，让她显得比往常更美，见到者无不交口称赞。

　　同村有一位叫东施的女子，和西施年纪相仿，相貌却并不出众。她也做着当美女的梦，每天换一套衣服和发式，却始终没人说她漂亮。这一天，当她得知西施捂着胸口、皱着双眉的样子竟博得这么多人的喜欢后，便也学着西施的样子，故意手捂着胸口、紧皱着眉头在村里走来走去。哪知这样的矫揉造作使她原本就很平常的模样变得更难看了。

　　其实，东施虽然其貌不扬，却是一位勤劳的好姑娘，没想到自己学着西施的样子，不仅没有变美，反而引起了同乡们的反感，从此见她如见瘟神一般，实在可怜可叹！

　　富兰克林说过"宝贝放错了地方便是废物"就是这个意思。聪明的女人要学会发现自己真正的优势，善于经营自己的长处，这样扬长避短，才能获得美好的姻缘。

02 | 别为了爱情放弃所有

有人说，人这一辈子要有一次说走就走的旅行，还要有一次奋不顾身的爱情。可是，奋不顾身的爱情，就一定会有完美的结局吗？我对此不敢苟同。我认为这句话应该这么说：人这一辈子要能享受说走就走的旅行，还要经营好奋不顾身的爱情。

◎ 爱情不是女人的护身符

在那个大学生不能谈恋爱的年代，发生了这样一件事。

赵晓茹和杜军都是从山村走出来的大学生。他们能考上大学非常不容易。俩人在大学校园里恋爱了。这在当时是绝对不被允许和接受的。他们两个人的爱情像打游击战般偷偷摸摸地进行着。

杜军生日的时候，晓茹把自己送给了他。当时，杜军信誓旦旦地说要一辈子对晓茹好，一辈子把她捧在手心里。晓茹觉得自己很幸福，她决定这辈子就认定他了。

一个月后，晓茹发现自己怀孕了。当她把这个消息告诉杜军的时候，杜军非常慌张。他让晓茹打掉孩子，晓茹觉得这是他俩爱情的结晶，她决定留下孩子。她觉得留下孩子，就留住了杜军的心。但是，事情并没有想象得那么简单。晓茹的肚子越来越大，这件事情还是被学校知道了。学校找晓茹谈话，让晓茹说出孩子的爸爸是谁。只要说出来，晓茹就能留校察看；如果不说，这种情况下只能退学，没有其他路子。

晓茹找到杜军商量这件事的时候，杜军哭着跪在晓茹面前，他让晓茹千万不要把他说出来。他还保证晓茹退学以后他一定会好好学习，争取毕业后找到好的工作把晓茹接过来。晓茹就这样相信了他。带着还未出生的孩子和一卷行李回到了杜军的家乡。

孩子出生了。晓茹又成了山村里的妹子，她衣着简陋，整日蓬头垢面地带孩子，杜军放假回家后，俩人的共同语言已经越来越少了。

杜军本来成绩就很优秀，毕业以后去了一家很好的单位工作。他收入颇丰，衣着光鲜，混迹于各大高档会所。他在工作上非常勤奋，获得了去国外进修的机会。回来以后平步青云，成了企业的中层。

杜军的事业越做越好，跟晓茹的联系也越来越少。晓茹带着孩子来杜军单位找他，发现他和一个衣着得体时髦，画着精致妆容的女人关系很好。他们俩亲热地聊着什么，晓茹进来的时候，杜军怔了怔，连忙向同事们解释，这是他老家的姐姐。晓茹听到以后很伤心。可是她又能做什么呢？

那天晚上，杜军找到她和孩子，给了她一笔钱，让晓茹带着孩子回老家开始自己的新生活。他说，他们俩的世界已经完全不一样了，已经没有办法再在一起了。晓茹哭着求他不要抛弃她和孩子，她讲了好多自己这些年一个人带孩子的不容易。杜军冷冷地说，我们都已经回不去了，已经没有可能在一起。他让晓茹不要再来打扰他的生活。他告诉晓茹，他已经和那个画着精致妆容的女孩结婚了，那个女孩是老总的女儿。他让晓茹不要再来找他，说完头也不回地走了。

晓茹如果当初没有把自己送给杜军，没怀孕呢？她一定能顺利地大学毕业，以她的成绩也会有一份光鲜的工作。可是现在她还有什么呢？女人可以有爱情，可以全心全意地去爱，也可以爱得死去活来，但是，一定不能丢了自己。很多女人都太单纯了，都忘了只有自己爱自己，男人才可能爱她。

◎ 女人不是付出越多就越能拴住男人

单纯的女人，会把最好的留给男人，自己用舍不得，男人用就很大方；单纯的女人一切都围绕男人转，男人就是天，就是一切；单纯的女人会舍弃自己的权利去保证男人的需求。

肯定会有越来越多在爱情中受伤的女人发出这样的疑问：为什么自己付出得越多，反而越拴不住男人？

其实答案很显然，只是被爱遮住双眼的女人没有意识到：一厢情愿地付出，不仅会让自己迷失在恋爱的虚幻里，更多时候，看似全心全意的付出，其实会变成无形的压力。当对方不能承受这负担的时候，自然就会选择离你而去。

而且，很多时候，我们在为了爱情不断牺牲的过程中，渐渐地失去了自我。粉身碎骨之后，变成一个守着爱情的平庸之辈，沉浸在爱情的患得患失中不能自拔。一味地以自己的付出来成就恋人，而忘记了善待自己。当你失去了自己原本拥有的独立自信的光彩后，爱情也会随之离你而去。

女孩不要因为付出，而让自己没了底气。你爱他，更要爱自己。这样别人就容易看到你的魅力，会称赞你，你会从这些赞扬中得到更多的自信，你也就会活得越发光彩，永远保持对生活的热情。这是个良性循环。

不要再说"我爱你胜过爱自己"之类的傻话。更不要认为爱就是大无畏的"付出"。女人的智慧在于对他永远存在吸引力，这种吸引力不是来自付出，而是源自对自己的重视和爱。

亦舒曾说过："要牺牲太多的爱情也就不是真的爱情。视他如一个在晨曦中消逝的梦好了。"

想要拴住男人，恋爱中的女人更应该保持理智和自我，即使义无反顾地爱上了一个人，也要时刻谨记不是付出越多，就越能拴住男人的道理。否则，他必然会习惯于你的纵容，无视你的付出，甚至开始轻视你、不尊重你、怠慢你。到那时，他离开你，恐怕就是无可挽回的定局了。

女人千万不要爱一个人爱得忘却自我，那样全身心的爱只应该出现在小说里，这个社会越来越不欢迎不顾一切的爱。虽然爱情需要付出，但一定要有度。尤其是女人，妄想用付出来拴住男人的心，结果得到的只能是离弃和伤害。希望女孩们都能明白，只有理智的恋爱，适当的付出和索取，才是对待爱情应有的态度。

03 | 爱有策略，给爱人下个小圈套

　　无论在职场上还是家庭生活里，很多女人都是胜过男人的，但女人很少依靠力量取胜，99%以上的女人依靠的是以柔克刚的智慧。聪明的女人常常以弱势来调动男人的强势意识，以获得他们的保护，这也是以退为进的一种策略。可能是因为中国传统观念认为女性是男性的附属物，所以男性心甘情愿地充当女人的保护神的角色，而寻求保护则成了女人的本性。在这一点上，女性顺其自然，以自己的柔弱巧妙制约着男性的强大。

◎　嗨，帮个忙好吗

　　无数的恋情都是在你来我往的帮助中建立起来的。女人们要学会提出小小的请求，来吸引意中人的注意并赢得好感，而且需要注意的是，略带负担的请求往往更能增加对方的好感。不过，其中尺度一定要严格把握。

　　情感专家曾经做过这样一个实验：他事先告诉参加实验的人，这是一个关于"知识报酬效果"的实验，正确回答问题的人可以得到奖金，奖金金额在60美分到3美元之间。提问结束后，有部分实验参加者得到了奖金。这时，实验执行人假装实验已经结束了，并诚恳地向得到奖金的人提出请求："这次实验用的是我个人的钱，现在实验资金已经用完了，而我们还要进行下面的实验，所以，能不能请你帮帮忙，归还奖金？"结果，多数人都接受了这个请求并归还了奖金。

　　事后，参加实验的人在办公室填写调查报告，被要求填写的表

格中有一个问题是"对实验执行人的好感度"——这才是实验的真正目的——在此可以比较被请求归还奖金的人对执行人的好感差异。

实验结果证明：对实验执行人的好感度最高的是归还奖金的那些人，而且，归还 3 美元的人比归还60美分的人对执行人更具好感。

俗话说："帮助别人，快乐自己。"由此可见，提出一个小小的请求不仅能吸引对方的注意并赢得好感，而且略带负担的请求更可增加好感度。因为大多数人在帮助别人的时候，都会自我感觉良好，顺带的也会对自己帮助的人产生好感。当然，某些过分的求助肯定会被拒绝，这就一定要掌握好请求的度。

爱他，就经常请他帮帮忙，让他觉得自己对你很有价值。这不仅让你离他更近了一步，同时也给了你们俩一个彼此亲近的机会。

◎ 男人喜欢"坏"女人

你是否还对"抓住男人的心，就要先抓住他的胃"这样的理论深信不疑，为了迷住中意的他而苦苦磨练厨艺？无数的乖乖女还在那些传统的条条框框中作茧自缚，以期成为大家眼中的"女神"，以为这样才能捕获自己的白马王子，而幸福似乎越来越远。相反，男人们却被"坏"女人深深吸引，为博得她们的青睐在大献殷勤。

《鹿鼎记》小说里的韦小宝有七个老婆，他最爱哪个？估计大家都会不约而同地说——阿珂。为什么呢？除了美貌指数外，她的若即若离、喜怒无常、难以驾驭也是核心要素。正所谓"猫老盯着没逮住的耗子，小偷老惦记着别人的钱包，猴子怀中的玉米多得直往下掉，却还要不住地掰下玉米往怀里揣"，男人在事业和情感上都是永不满足的，有了洋房还念着别墅，家花种着在外面还想养着野花。韦小宝见一个爱一个固然是男人花心的本性使然，但又何尝不是男人的征服欲在作祟呢？男人追到了一个女人就像攻下了一座城堡，他会满足吗？显然不会，他会喘息片刻，向着下一个目标继续出发。

很多女人抱怨男人婚后对她不如婚前那样浪漫、那样体贴、那样俯首帖耳了，那是因为男人把你娶回家，感觉就像大功告成了，他与生俱来的征服欲提醒他征服完女人，该去征服世界了。所以一结婚，男人的命运开始"呼叫转移"了，他要在社会上继续实现他的价值。他就像西天路上的唐僧，又要起程了。

既然"坏"女人令人难以抗拒，那么，身为好女人的你其实也可以偶尔当一下"坏"女人。

保持一点神秘感。我们通常说某个女人神秘，并非不了解有关她的情况，而是指很难了解她的内心想法和行为动机。譬如，这种女人有时会以非常性感温柔的眼光看着异性，不一会儿又突然换上修女般冷漠的表情，令本来心旌摇荡的异性不知所措。可是，男人们通常都无法抵抗这种女人的诱惑。这是为什么呢？

原因之一：男人都有很强的好奇心。神秘感是这类女人的武器，也是她们的魅力所在。世界上的事情就是这样，你不了解的事情就会给你一种神秘感，而神秘感就是一种吸引力，吸引人去探索和发现它的秘密。富有神秘感的女人常令男人神魂颠倒。

原因之二：男人天生就有一种对女人的征服欲。在男人眼里，这类女人莫名其妙而充满诱惑力，其诱惑力恰恰在于她们的莫名其妙，难以驾驭。男人为了能最终征服和陪伴她们，不仅不会觉得辛苦，反而会觉得其乐无穷。有时离开了她们，还不自觉地想她们，想她们那些不可理解又令人着迷的行为呢！

给他挑战。坏女人浑身散发着一种危险气息，像是在说：我跟你是不同世界的人。对男人而言，一个知道自己是什么，知道自己要什么，对自己自觉而自傲的女人，是全天下最有吸引力的动物。

当那些良家妇女自怜自艾地怀疑着：他喜欢我吗、他觉得我怎么样、他到底看上我什么时，这些坏女孩的脑子里可在盘算着：跟这个家伙在一起，对我有什么好处？而当这些良家妇女们正忙着找理由肯定自我时，坏女孩们已经利用她们宝贵的时间来逗男孩们开心了。事实上，这些坏女孩们搞不好才刚使出了几招，这些男孩就会乖乖上钩。

被男人团团围住的女人，并没有什么特别之处。很多时候，她们不过是表现得漫不经心。乖乖女一般会说：我不想游戏人生。她就让男人明白了，她多么怕他抛弃她。如果一个女子午夜驱车去看一个男人的时候，她的车顶上只缺少一个霓虹灯标志：送货上门。

渴望着要不到的东西，是人类的天性。而对于单身男性来说，这种诱惑特别强烈。千辛万苦才得到的女孩，对男人来说，就像是征服了人生中的一个伟大里程碑。而且这个得来不易的女孩，在他的心目中将比轻易到手的女孩更有价值。

像男人一样有话直说。男人尊重说话简明扼要的女人，因为男人之间的交流就是如此。坏女人会采用直奔主题的方式，乖乖女则不同，她会把整个心都掏出来，可他什么都没听到，却让他看透了她的贫乏。

坏女人知道自己要什么，不会在鸡毛蒜皮的小事上斤斤计较，男人也很喜欢这一点。有时对男人来说，跟坏女人相处，比跟一个老是爱东扯西扯又情绪化的女人相处还容易得多。因为敏感的女人总是会让男人觉得非常困惑，永远都不晓得自己哪儿又惹到她们了。坏女人总可以很清楚又勇敢地表达自己。因此，她们总是可以轻松地得到她们想要的东西。

除此之外，喜欢坏女人的男人们能够清楚地知道，他在这段关系中扮演着怎么样的角色。面对现实吧！有些男人的脑袋就跟浆糊一样，如果你不把话说明白，他就什么也不明白。男人很怕女人总是要跟他们玩"猜猜看"的游戏，也很讨厌猜错了以后要被女人责骂，天晓得善变的女人脑袋瓜里又在想什么？如果女人可以学会直话直说，男人的许多压力都会消失无踪。

画下楚河汉界。讽刺的是，男人很害怕被绑住的感觉，无所不用其极地逃避永恒的承诺关系。但是当他们遇到一个划清界限、且越界了之后会被推回来的女人，他们反而会想尽办法要越过那条线。如果男人失去了他们的那条界限，他们就会在这段关系中渐渐变得盲目。同时也失去了他们的掌控地位。

跟他保持界限，让彼此也有自由的空间，对你们的关系反而有助益。"犯错的时候，男人很会找理由。如果我女友发现我去酒吧鬼混，一定会杀了我；但假如她知道了却什么都没有说，这样反而会让我愧疚到死。"有人如是说。

男人也许永远不会承认，但事实上他们还蛮喜欢事情有既定的规则，并不是你所想象的这么不羁，只要身旁的女人不要像他们的老妈一样就好了。如果当男人知道自己做了坏事，而女友竟然没有碎叨，这一刻她是非常有魅力的。

不那么"随便"。男人都不想女人知道，他们在心里默默地把女人分为两种类型：一是随便玩玩的快餐型，一是适合娶回家当老婆的。一旦他把你归类为随便玩玩的类型，想要跟他步入殿堂的概率就非常非常低。坏女人深深知道这个事实，这也是为什么她们总是不会轻易给他们想要的。

不能得到，偏要得到，这种游戏能让男人始终充满激情和追逐的快感。假如他不能马上得手，他就更加急不可耐。欲望完全占据了他的心，也使他对自己所追求的东西产生更丰富的联想。一个女人越是容易被男人得手，男人就越会觉得她的乏味。

所以，聪明的女人在跟自己心爱的男人打交道的时候，应该懂得去激发男人的征服欲，保持自己的神秘感，刺激对方的好奇心，让他对你永葆热情，所谓欲拒还迎、若即若离，不妨制造出一定的距离和空间，给他某种不确定感。

◎ 适当的"留白"让爱更甜美

恋人之间要给对方留出适当的空间，给对方相对自由的一部分。要想恋人之间和谐相处，就要接受、尊重这个自由的空间。一个好女人应该清醒地认识到，人是独立的个体，没有哪个人可以真正地、完全地理解另一个人，即使相爱的人也是这样。

有位社会学专家曾经这样论述爱情："相爱的人给予对方的最好礼物是自由。两个自由人之间的爱拥有必要的张力，这种爱牢固而不板结，缠绵而不黏滞。没有缝隙的爱太可怕了，爱情在其中失去了自由呼吸的空间，迟早要窒息。"每个人在生命历程中，或大或小总有一块属于自己独占的领地，承认、尊重和保护这块领地，是维持恋人良好情感的必要因素。

公园里，一位老人悠然自得地坐在长椅上。他惬意地叼着烟斗，有时微笑着和经过的路人打着招呼，有时一个人静静沉思。一个住在附近的年轻人发现，老人有一个规律：他总是在下午四点钟左右出现在公园里，在五点钟左右离开。

有一天，年轻人忍不住好奇，问老人："您为什么每天都来这里坐一小时？"

老人微笑着说："作为一个结婚5年6个月两个星期零两天的人，最低限度也有权利每天过上一个小时的单独生活吧！这是我和老伴的共识。"

女人最大的不幸在于误解男人，她们总以为关心他、守护他、依恋他就是爱他。殊不知，许多男人都不愿被女人紧紧地拥有。虽然开始的时候，他们会觉得这是女人对他们的一种关切，但渐渐地，男人会感觉这是一堵心墙，把自己堵得死死的了。于是，像被囚禁在牢狱里一样，他们理所当然地只有一个念头——逃脱。

下面我们来看几个案例：

别让我感到内疚

张桦是一个温柔、体贴、忠实的好男人，他非常爱自己的女友，一直将女友小黄照顾得无微不至。但最近，他却时不时冒出想和小黄分手的念头。他痛苦地说："其实我们的感情很好，也没有第三者出现，但我却觉得很累，她的爱让我感觉太沉重了。"原来，小黄会一天几遍地问张桦："你到底是不是真的喜欢我？"更要命的是，她喜欢用细节来衡量他们之间的情感，比如连张桦问她咖啡里要不要放糖时，她都会马上伤心起来。因为她觉得自己那么了解他，而他对她却不太经心，连咖啡里放不放糖都没注意到。如此种种，经常弄得张桦内疚不已，同时也有些哭笑不得。

男人一般都不认为爱情是生命的全部。女人应该意识到，爱得太深、爱得太自私、爱得占有欲太强，只会令双方都疲惫不堪，痛苦万分。

健康的爱情应该是自然的、轻松的。要知道，爱一个人不是为了占有他，多给男人一些理解和宽容，他会因你的明智而更加珍爱你，你自己也会因此而更加快乐。

让我一个人静静地待一会儿

媛媛的未婚夫近来总是一副郁郁寡欢的样子，在她面前失去了往日的兴奋与热情，回到家不是看电视就是埋头玩游戏，连媛媛找他说话也是爱理不理。媛媛问他："是不是不开心？为什么不开心？"他只是轻描淡写地说："没事，你别管我。"这让媛媛很不安，既心疼他，又不知如何是好。

女人遇事喜欢沟通，爱发问，甚至爱钻牛角尖，而很多时候，男人则会觉得那是他们自己的事，自己的事情自己办，女人无需大惊小怪地去过问。女人应该意识到，把身子藏进自己的"洞穴"

里，独自面对——这是男人的一种心理减压法。男人之所以不与人
分享、沟通，而把自己藏在"洞穴"里，源于他们的潜意识里不愿
承认自己是弱者，也不愿因为弱小而被别人怜悯。男人躲进自己的
"洞穴"中，不向人求助，如同鸵鸟把自己的脑袋埋在沙堆里一
样，目的是为了独自寻找问题的解决之道。这种时候，聪明的女人
要学会不要过多地去干涉他，而要以不变应万变，让他自己寻找解
决问题的方法。

别把我看得太死

最近，何北与相恋三年的女友小萱分手了。问其原因，他说小
萱把他看得太死，而且他到哪儿她就跟到哪儿，他真的无法再忍受
下去，只能和她分手了。何北说："我要求并不多，只希望小萱能
给我一点点自由。我希望周末可以换上运动服去打场球赛，而不是
陪她去逛那人山人海的超市；我希望和朋友在一起时，抽抽烟喝喝
酒，毫无顾虑地侃大山，而不是她虎视眈眈地在一旁盯着，不许我
做这，不许我做那。"

有人说，爱上一只鸟，就要给它歌唱的自由，给它飞翔的自
由，给它蓝天大地的自由；而爱上一个男人，就要给他爱情的自
由、隐私的自由、生活空间上的自由。女人应该认识到，若你爱
他，首先要学会尊重他，千万不要试图用自己的爱去束缚住他。请
给他理解与关怀，适当地给他生活、时间上的自由，让他感觉到你
对他的信任。

我会回来的

婷婷的男友苦苦追了她整整一年，婷婷才和他确定恋爱关系。
然而，近来婷婷却觉得男友渐渐疏远了她，甚至几天不见面，一个
电话也没有，与当初追她时鞍前马后、热络有加的样子判若两人。不
过，一段时间不见后，男友又会很急切地想见到婷婷。

对于男人而言，恋爱中的男女关系，仿佛又重温了母子关系

的记忆。在心理上，儿子要历经亲密的"依赖期"和"叛逆期"，先完成与母亲亲密相处的需要，再是脱离母亲，展现独立的自我空间。这是儿童心理成长的规律。恋爱过程也是如此。当男人进入恋爱角色时，潜意识中是在恢复对亲密的需要，当亲密完成，生命会本能地想要逃开那个爱人，寻找自我的空间。这就是男人前热后冷、女人前冷后热的心理解读。无论怎样喜爱自己的女友，男人们终归有属于自己的梦想。男人有时会害怕因过度的亲密关系而失去自我，所以需要小小地"叛逃"一下，不过，他们迟早会回来的。女人这时应该怎么办呢？要知道，"亲密叛逃"是健康的行为，做他的爱人，就要在心理上准备停当，来接受他短暂的冷漠和疏远吧。

　　爱是女人手里的一捧沙，千万不要把它握得太紧。聪明的女人都知道要给对方相对独立的空间，不会事事都过问，时时都要知道他在哪里、做些什么，不必要求他总是和自己同步，不计较他偶尔没说出的心事，也不过多地盘问他的朋友，等等。虽然你可能只是出于关心，但爱人已经不是小孩子，很多事情他自己能够处理，等他不能应付时，自然会求助于你。有些文学作品把相爱的两颗心描写得"天衣无缝"时，请别忘记：在燃烧的木柴之间留出一些空隙，火才会更加旺盛！相反，如果时时刻刻毫无遮掩，完全显露在别人的注视之下，这种生活也许够真实，但绝对不轻松。

◎　温柔是最有效的武器

　　一天，正忙着写程序的小于接到未婚妻的电话。因为他的手机开着扬声器，办公室里的每个同事都可以清清楚楚地听到他们对话。

　　"什么事情？我正在工作！"小于十分不耐烦地说。

　　"你中午回家买菜哦，我想吃青椒炒鱿鱼了。"电话那边娇滴滴地回答说。

"中午我不回家了！朋友约我出去喝酒！"小于见大家都盯着自己，便故意耍些大丈夫威风。

"你不回家啊，那我一个人怎么吃饭啊？" 电话那头的声音依然是娇滴滴、软绵绵的。

"好吧。"小于犹豫了一下，最后说，"我还是回去给你做饭吧。"

一屋子的同事都瞪圆了眼睛，尤其是女同事，都七嘴八舌地说小于的未婚妻有福气。小于说："我天天在家给她洗衣服、做饭……没办法，她就是有福气。"

正是像一位诗人所说的，"女人向男人'进攻'，温柔常常是最有效的常规武器"。倘若故事里小于的未婚妻厉声厉气地说话，想必小于是不会屈服的。正是那几句温言软语，拨动了小于心底那根柔软的弦，所以才能让小于为她在人前人后效力。

马克思说："女人最重要的美德是温柔。"温柔的女人就像一位工笔画大师，无比精细地敷染着芍药、杜鹃。那种亲切与耐心既不是逢迎，也不是依附，而是一种自信。她们深知，有时男人的情感也很脆弱，希望女人的温柔娇媚给自己在苦斗的间隙里一刻喘息的机会。女人展示温柔，就是在展示美丽。

卢梭也认为"女人最重要的品质是温柔"，温柔的女人像绵绵细雨，润物于无声，给人以温馨柔美之感，令人心荡神驰、回味绵长。温柔的女人具有一种特殊的处世魅力，她们更容易博得人们的钟情和喜爱。温柔之美是女性美的最基本特征。女人最大的悲哀是失去了温柔，若失去了温柔，就没有了女人味。

有一次，英国维多利亚女王和丈夫阿尔伯特亲王谈话。女王语气里流露出的居高临下，令阿尔伯特亲王有些不悦。他独自一人走进卧室，把门反锁起来。

过了一会儿，女王在外面用力地敲门。

"谁？"阿尔伯特亲王问道。

"我。"女王傲慢地回答，"请给英国女王开门。"

但屋里没有丝毫动静。

过了一会儿，外面又响起了敲门声，这一次声音轻多了。

"谁？"阿尔伯特亲王又问道。

"是我，维多利亚，你的妻子。"女王温柔地说。

门，立刻开了。

温柔是女人独有的处世法宝和宝贵品质，是男人的甜蜜杀手。"柔情似水，佳期如梦"多么令人迷醉。也许只是一个眼神，只是一次默默的微笑；也许只是伸过来的温柔的手；也许只是一声低唤，一阵呢喃……对男人来说，温柔是酒，只饮一滴，就可回味一生。

作为女人，不要在男人面前显示你的强势，甚至大声地斥责他。如果希望自己更妩媚、更完美、更有魅力，就应保持或发掘自己身上作为女人所独具的温柔的秉赋。说话的声音轻一点、柔一点，他自会乖乖成为你的俘虏。然而不幸的是，有许多女人并不知道温柔是一种可以克刚的武器，也不知道温柔是女人特有的力量，她们害怕自己失去在男人心目中的地位，常常为了维护这种地位而对男人颐指气使，动辄大声呵斥，抛弃温柔，显示出女人最粗糙的一面。可想而知，这样的结果只会适得其反。

没有哪份爱情会长久常新；单凭一纸婚约，很难永远守住一颗心。有人说，婚姻本来就是鲜花灿烂后的落英满地，走向平淡无味是它必然的结局。但幸运的是，和事业一样，爱情和婚姻都是可以用心经营的。而女人的温柔就是维护爱情、婚姻最有力的武器，就像心灵深处的一只纤纤细手，只需轻轻一拂，再强悍的男人也会被瞬间征服。

04　把摇摆不定的男人一脚踢开

什么叫"摇摆男"？就是指那些想法不坚定，比女人还善变的男人，一会儿向往东，一会儿又向西，常常在两种或多种可能之间摇摆不定，拿不定主意。这种人往往存在两种情况：一种是自身意志不坚定，缺少主心骨，做计划或决定时常常容易受到他人想法的影响或干扰，不能按自己的想法去执行；另一种是完美主义者，在某个事项上不达到完美的程度，就不会去执行，过于吹毛求疵，总想不到最好的选项，因此就会列出一大堆的选项，然后综合利弊，但同时也常常在对比中出现拿不定主意的情况，并因此而左右摇摆。

选择恋人时，碰到这两种男人，就算其条件再优秀也不能屈就。女人找恋人，就应该找一个内心理性、心智成熟的男人，而不是一个孩子。你能忍受一个二三十岁的男人在你面前为送花好还是送巧克力好的事情纠结一下午吗？你将来要面对的可能是他在各种琐碎事务上的"摇摆"，包括对你的选择上，而这恰恰是你最不能也不应容忍的。

◎ 宁可不嫁也不屈尊"摇摆男"

胖女孩小牡丹被公司里的同事们誉为"微胖界"的女神。因为她面容姣好，皮肤白皙，口齿伶俐，富有涵养，在公司里人见人爱。唯一的缺陷就是身材有点儿胖，这个缺陷让小牡丹颇为自卑，也被公司里很多男同事排除在了"恋人候选名单"外。不得不说，男人看女人的标准，还是更接近原始的兽性标准。

最近，小牡丹的桃花运来了，公司运营部的小赵看上了她，经常在下班后悄悄与她约会，请她吃饭、看电影。女人一旦有了爱情，相貌上就会发生很大的改变。小牡丹比以前更注重打扮了，脸蛋也更红润了。

　　过了一段时间，同事们悄悄来小牡丹这儿打听情况，开着玩笑问进展如何，对方有没有表白，有没有谈什么时候结婚之类的，每逢问到这些小牡丹都显得有些尴尬，只是一笑而过，并不多说什么。同事们都以为是小女人谈恋爱羞答答的心理，因此也没有在意。事实上并非如此，而是小牡丹自己也没有这些问题的答案，因为对方虽然老与她约会，却从来没有表白过什么，更没有承诺她什么，两人的关系好像一直都处于刚认识的那个阶段，不温不火，不下降也不上升。

　　一旦恋情处于这种阶段，往往是男女双方有一方还没有想好要不要接受对方，也就是我们说的，处于恋爱心理上的"摇摆期"。但通常摇摆的都是男方，原因是，一般女方如果不能接受这段恋情的话，可能就不会接受男方的频繁约会；如果女方表露出对男方有什么不满，而男方对女方很满意的话，男方通常会加大进攻火力，直到女方就范。在我们前文的故事中，从女方的态度看，其对恋情的态度是积极的，最起码持可以接受的态度。而男方在取得第一步的成果后，止步不前，说明其心态上发生了变化。也就是说，男方此时正处于"摇摆"阶段。

　　再过一段时间后，小牡丹明显地感觉到对方对她好像"降温"了很多，她不想总是在这种暧昧的关系中行进，想约对方开诚布公地谈一谈。

　　一次，小赵又约小牡丹去喝咖啡。小牡丹答应了，她计划利用这次约会试探下对方到底抱着什么态度。

　　聊了一些寒暄的话以后，小牡丹突然问："关于咱俩的关系，你到底是怎么想的？"小赵愣了一下，马上嬉皮笑脸地说："这还用问啊，这不明摆着的事儿吗？不用直接挑明了吧？"这时我们观察下小赵的坐姿，他的坐姿与刚才发生了明显的变化，身体向右侧微转了一下，脚尖本来是正对小牡丹，这时已经转到小牡丹的右侧方向了。小赵的身体语言已经表明其内心的真实想法了，事实上他对小牡丹的问题还没有肯定的答案，因此，他用了逃避的姿势和言语，想蒙混过关。

小牡丹接着冷冷地说："还是算了吧，我觉得咱俩有点儿不合适，我不想再这样下去了。"小牡丹在没有得到想要的答复后，就说了气话，其实说了这句话之后小牡丹连动都没动，表示她内心对这段感情还有指望，希望小赵挽留。如果她内心已经彻底绝望，准备决裂时，她会说完话后起身就走。而小赵听到小牡丹的话后也像是受到了突如其来的打击，他身体无意识地前倾了一下，并双手捂住了咖啡杯。这个动作表明他内心也是紧张的。

其实小赵的反应，已经明确地展示出了其内心的想法——没想好，没想好到底要不要跟小牡丹成为恋人，因此他对怎样界定两人的关系给不出明确答案，但同时又不想立刻放手，摇摆的态度已经很明显了。

事实确是如此，小赵对小牡丹的身材，多少有点儿看不上眼，但因为自己的条件也并非特别优秀，因此他觉着自己对小牡丹也可以将就。但最近他的部门里又来了个小樱桃，这个小樱桃让小赵颇为着迷，应该说小樱桃才是小赵喜欢的那个类型。但小赵又不敢去追，怕自己的条件别人看不上。同时，又常常听到男同事们在背后取笑小牡丹的身材，听了心里更不是滋味。因此，对小牡丹的热情也越来越少。当面对小牡丹的质问时，因为心里没有想好答案，因此回答得也没有底气。

小牡丹看到小赵始终没有明朗的态度，终于等得不耐烦了，提起包就走了。而小赵自始至终也没有追出去，只是平静地喝了一口咖啡。

过了几天，当小赵知道小樱桃已经结婚了的消息后，暗自懊恼，并重新开始给小牡丹打电话、发短信，但是再也没得到小牡丹的回复。

◎ 真爱从来都是坚定的

一个人真爱另一个人时，他的表现一定是坚定不移的，就算明知她有这样那样的缺点，就算明知身边有比她更好的女子，他的爱也不会改变。黄日华版的《射雕英雄传》里有一首很好听的片尾曲，歌里唱道："世上自有山更比此山高，但爱心找不到比你好。"世上虽然有比你更高的山，但没有比你更深的爱。这种爱情才是坚定的，彼此都知道对方不是"世间最高的山"，但仍能坚定相爱。

而那些总是在摇摆中的人，无一不是在一山望着一山高，站在这座山头，眼里还瞄着更高的山头，这是人性中的另一个弱点——贪欲。人心不足蛇吞象，人的欲望是无穷大的，当自己条件不好时，还能接受条件相当的对象，但一旦自己条件好了，对眼前人可能就厌倦了，对她的爱也开始摇摆不定了。也正因此，"糟糠之妻不下堂"才能成为千古名训。

因此，对那种刚开始就表现出摇摆状态的人，一定要果断拒绝。还没有结婚前就不能坚定自己的爱，怎么可能熬过漫长的婚姻岁月呢？

对于不坚定的人，还有一个必须拒绝他的重要原因，那就是这种男人大多意志力也不够坚定，缺少魄力与担当。通过判断他在某些人生大事上所做出的决策，我们就可以看出这个人是否果敢、有魄力、有担当。在婚恋问题上更是如此，一个选择了以后还在摇摆，或是吃着碗里看着锅里的男人，肯定是一个处理问题不够果断、缺少担当的人。真与这样的人生活在一起，以后在面对人生中大大小小的难题时，他处理问题的能力可能会让你懊悔不已。

◎　如何识别摇摆不定的花心男人

摇摆不定的男人，往往都比较花心，内心对爱情的期望高，欲求丰富，同时也很懂得伪装，懂得如何在多个女人间周旋。在与你独处时，他会把自己包装成一个好男人，如果不仔细观察，很容易登上贼船。要识别摇摆不定的花心男人，女人还需要从细节入手。

下面的几个小细节，女人在恋爱交往中不妨留心一下。

约会时有来电会显得很紧张或不敢接电话

有些男人常常在约会时将手机关掉或调成静音，怕的就是有其他女人给他打来电话，而他不方便接听。小静在跟亮子约会时，发现其手机在口袋里震动，但亮子却视而不见，小静让他接电话时，发现他有些手足无措，明明电话在左边口袋里响，他却往右边口袋里摸，这是很明显的紧张行为。这说明他内心藏着一些不能对你说的秘密，否则不会在你面前这么紧张。

整天吹嘘泡妞经验

喜欢展示自己的"战利品"，津津乐道于交女友的各种经验、方法和手段，说话时不自觉地带着下流语气，多以上过床的女人为毕生荣耀。这种男人虽然说起来令人讨厌，但他们特别了解并会把握女孩子的心思，知道女孩子喜欢听什么样的话，喜欢收什么样的礼物。他们最擅长投其所好，让女孩子神魂颠倒，其实就是爱情骗子。这样的人追求一个女人往往是以性为最终目的，得手后便会转移目标，因此要果断远离这样的人。

突然改变了习惯

男人追女孩子时，往往无所不用其极，每天送花，每天守候，每天在固定时间发短信，等等。如果有一天，他突然改变了习惯，那说明他的心态发生了变化，要么是觉得追你追累了想要放弃，要么就是有了更心仪的目标，他打算转移目标了。

不舍得为你花钱了

男人突然变得不舍得为你花钱了，或是在收入稳固的情况下，不时地出现囊中羞涩的状况时，很可能是出现了什么状况，他不是没钱了，只是他的钱没花在你身上罢了。钱不是衡量标准，但如果一个男人既不舍得往你身上花钱，又不舍得往你身上花时间时，你最好就不要对他抱有什么幻想了。

05 | 碰见好男人，别"不好意思"示好

假如有一天要写21世纪中国社会文化的关键词，必定要有"剩女"一词的位置——在社会发展的特殊时期，有这样一群特殊的人，她们冷艳清高，对爱情或物质有更高的追求和标准，不到万不得已她们不愿意随便轻易妥协，委屈就范。同时她们又有一定的传统思想，认为在男女关系中，女方保持被动是天经地义；同时她们也渴望真爱，她们桀骜不驯，同时也脆弱无力。无论形势怎样变化，她们始终坚持着自己的骄傲，她们相信缘分总会到来，结果她们默默地成了剩女。

◎ 既然爱，别等待

一位大龄女同事被问到为什么不去主动追求自己喜欢的男同事时，她理直气壮地答道："女的最多就负责抛媚眼，男的才负责勾搭。"

这位大龄女同事叫Lisa，今年32岁，在北京一家媒体做编辑工作。以我们社会对剩女的定义看，她非常符合标准。Lisa出身农村，家庭条件很一般，自身又不具备傲人的风华和曼妙的腰线，性格也不算外向，不太擅长交际。因此朋友圈很小，毕业后就很少跟异性有深入的交往，大多保持着友好客气的同事关系。相对于其他剩女来说，Lisa的征友标准从物质要求上看不算太高，虽然在北京生活，压力很大，但她相信这些都不是问题，只要两个人认定了彼此，物质上的贫乏都可以解决。

即便如此，她还是得不到男同事的青睐。男同事在背后聊起她

时，都觉得她"很闷""很无聊""不风趣""不可爱"……朋友介绍给她的对象，她看了要么觉着话不投机，要么觉得文化程度上不匹配，要么觉得对方虽有点儿钱但是一身暴发户气质，不是她心中高雅的能随时跟她聊聊哲学和国民经济的知识绅士。

难得一次公司里来了一个男同事，有才华，有志向，长得不算特别帅，但起码也能拿得出手。最重要的是，此人温文尔雅，举手投足间有着强烈的绅士风度，仅此一点，用Lisa的话说就是"深得吾心"。

既然都心动了，为什么不去主动追求呢？

Lisa的理论就是我们上面提到的——女方负责抛媚眼，男方负责勾搭。可是，在你的媚眼不具备超强的魅惑力与冲击力的时候，再加上你逐渐上涨的年龄，你觉着这个分工真的实际吗？一位毒舌女明星就说过："条件一般的女人，没资格等男人来求。"话说得难听，但非常现实。现实社会就是这样，你别说别人爱得不纯粹，你心中不也有一杆秤在随时随地地衡量吗？

闺密们都纷纷劝Lisa主动"上"时，Lisa又是一番借口，"对方比我还小三岁，人家会喜欢我吗"（废话，你不自己去问问怎么知道），"太不顾颜面了吧"（面子比爱情还重要），"那个谁，隔壁部门的女同事已经在追了"（既然知道还不赶紧出手）……实际上这种种借口背后还是传统思想和"不好意思"的心理在作怪。

两个月后的一天电梯坏了，同事们走楼梯时，发现一个人在楼梯间轻轻啜泣，原来正是Lisa，关系好的同事把她拉到一边，问她怎么回事，她羞怯着犹豫了半天才说："今天是他的生日，我买了蛋糕想要送他，并想在蛋糕中写上自己表白的话。岂知，蛋糕还没送出，就看见隔壁部门的女同事已经挽着他的胳膊走进了旁边的烛光西餐店……"

◎　"等缘分"不过只是逃避的借口

心灵鸡汤界的大作家刘墉先生曾在他的书中写道：既然爱，何必等？何不说出来？守一颗心，别像守一只猫。它冷了，来偎你；它饿了，来叫你；它痒了，来摩你；它厌了，便偷偷地走掉。如果那纯情的女生早一刻表态，那书呆子能早一点儿示爱，就可能不再有终身的遗憾。是真爱就要勇敢表白，无须矜持！

事实上我们这个时代已经是个很开放的时代了，如果你还保有过去的旧思维、旧观念，放不开手脚去追求你喜欢的人，那你就彻底out了，你就只能当别人的剩饭桶了，只能吃别人的残羹冷炙，甚至可能连剩饭也吃不到一口。

我们在网上买东西时，大多都被电商的"秒杀""抢购"页面吸引过，限时秒杀的商品往往性价比非常高，为了抢购很多人恨不得整夜地抱着电脑，一指头下去就要把键盘戳个大窟窿。身边的好男人就跟挂在网站上"秒杀"的产品一样一样的，无数双眼睛紧紧盯着呢，一个不留神，就被别人"秒杀"了。

在现实中，我们大多数人对于物质利益都能积极去争取，但一涉及感情，很多人就左右摇摆了。尤其是在处理恋爱关系时，很多人尤其是女性，会存在严重的逃避心理，比如，在暗恋或单恋的状态下，越是对对方喜欢得深，越是不敢接近对方，不敢主动与对方接触，好像怕自己心里的秘密被对方发现。即便在巧合的情况下，凑到了一起，往往也无话可谈，平常口吐莲花，巧舌如簧，面对喜欢的他时却突然成了哑巴，想随便聊点儿什么，又觉得自己太无聊，想聊点儿有深度、有内涵的，又怕对方觉得无聊。最终，什么都没说成，白白地浪费了很好的交流时机。

◎ 女人青春有限，有些事情不等人

女人的青春就是河坝上的水，哗啦一下就流过去了，20岁的时候你还觉得30岁遥遥无期，结果30岁的时候你就发现40岁近在眼前。有些事情容不得等，人生总共才几十年，很容易在等待中把一切都错过去。

爱一个人，就要在第一时间告诉他。爱情，应该是属于青春的，趁你激情仍在时，去争取自己的爱情。恋爱中的人总免不了有许多顾忌，以为还有时间可以挥霍，以为自己还不够好、不够富有、不够有权势。自卑中悄悄地回避对方的眼睛，一味认定未来才是最佳时机。结果常常错过最佳时机。

你是否遇到过这样的情形？本来很想给他打电话，可是却会在电话机旁呆坐半天，拿起电话想拨号却又放下了，就这样反反复复，犹豫不定；本来一条100字的短信已经写好，里面饱含着你的思念、你的情意，最终你一个字一个字地删去，终于删成了短短4个字"你在干吗"。

事实上一切都不像你想象得那么难堪，最坏的情况无非就是被拒绝，但这又有什么呢？谁的人生没有被拒绝过？只要你做的是一件值得和应该做的事情，被拒绝总比错过强，起码你去争取了。而且大多数人都是喜欢被爱的，因此即便拒绝你也会给你留足台阶和面子。其实这种怕对方拒绝而引起的恐惧心理，往往比实际被拒绝更使你难受。去要一个结果，总比自己胡乱猜测强得多。

下面有一些方法，可以让你离你的爱情更近一点儿：

微信传情，打持久战

微信是当下的约会神器，很多情侣就是由微信促成的。喜欢身边的一个人，可以注册一个他不认识的账号，去跟他聊天，看看他在陌生人面前是怎样的表现和态度，也可从中看出他真正的人品。

如果聊得投机，可以打持久战，每天在固定时间找他，让他养成习惯。就算有一天你的表白被拒绝了，你也不用在现实中感到尴尬。他根本不知道你是谁。

精心准备一场偶遇

你知道什么地方是发生艳遇最多的场所吗？火车上！当你探知他要去旅行时，不妨自己也收拾下行李，悄悄地摸到他乘坐的火车上，最好能把座位买到他的旁边，一场旅途上的偶遇对人的心理冲击是很强劲的。如果你能把他在火车上的无聊时间变得生动活泼，相信他很快就会主动找上门来。

投其所好

你不妨多方侦察中意男子的兴趣和爱好，他喜欢看球，你就多了解些球队和明星球员的信息；他喜欢读书，你就跟他谈谈加西亚·马尔克斯、纳博科夫等文学大师；他喜欢宠物，你就养条可爱的金毛……这一条，可能很多妹子会觉着自己委屈，干吗要为一个臭男人去花费这么多心思呢？实际上这是最简单有效的一条，不管是在恋爱中，还是在工作中，都能帮助你获得好的人际关系。

06 爱情不能勉强，更不能违心

　　虽然翻译巨匠傅雷说："对终身伴侣的要求，正如对人生的要求一样不能太苛刻。"但幸福的婚姻，一定来自于我们每个人正确的定位和慎重的选择。所以，一方面不要挑三拣四，不要期待"最佳人选"，遇上自己喜欢的人，就果断地做独一不二的选择吧！另一方面，徜徉于爱海的女人，也要时刻保持清醒，守住自己的底线，学会拒绝。

◎ 心软是女人在爱情上的最大软肋

　　有一个真实的离婚案例，一对相敬如宾20年的夫妇最终走上了法庭，协议离婚。在外人眼里十分和谐、恩爱的夫妻，一夜之间散场了。

　　李雷和陈梅是大学同班同学，李雷第一次在班里看到陈梅就喜欢上她了，他梦想中的女友的样子，陈梅都具备了。乌黑飘逸的长发、苗条的身姿、俊秀淡雅的气质，她的一举一动迷倒了李雷，李雷当时就发誓，今生不论付出多大的代价都要追上陈梅。不过李雷是"剃头的挑子一头热"，陈梅对李雷没有一点儿兴趣。陈梅心目中的男友是高高大大、学业优秀、喜欢运动又斯文的理工科"眼镜男"，李雷跟陈梅内心的要求一点儿都不沾边。但每次李雷跟陈梅示好时，陈梅也会回应一下。从陈梅的角度说，陈梅认为自己只是像对其他同学一样，礼貌地回应一下，就算是其他同学很热情地与她打招呼，她也会这样做的。但从李雷的角度看，好像陈梅的回应是一种暗示或默许，甚至是鼓励。他就追得更用心良苦了。每天都在陈梅必经的路上等她，只为与她打个招呼，多看她一眼；每天在她的课桌中偷偷地塞些零食水果；每天替她在图书馆占座位；每天帮她的闺密打水，只为让她在陈梅面前多说他几句好话……没过多久，全班同学都知道李雷在追求陈梅了。

只有陈梅一人不动声色，既不拒绝也不同意。不拒绝有三个原因：一是因为女孩子的虚荣心理，被人追求总是一件值得高兴和炫耀的事情，让班里同学都知道有人愿意为自己做很多事情，那是多有面子的一件事；二是怕伤害同学，别人这么热情，你总不能一盆冷水泼上去吧；三是李雷也没有明确地向她表白，她认为自己无从拒绝。实际上李雷的很多行动都已经在表白了，全班人都看出来了，只有陈梅没看出来。如果你确实对一个人没有兴趣的话，就应该果断拒绝别人的"好意"，这样才是正确的处理方式，当然了，这个方式可以婉转一些，没必要当头泼冷水。但无论什么理由，都不应该一直这么拖着。这样对双方都没有好处。事实上还有一个隐蔽的原因，在李雷温柔却强大的攻势下，陈梅的心早就开始动摇了。她也开始衡量着李雷的条件——这个人有点儿痞子气，但家里条件很好，爸爸是个大工程的"包工头"，虽然学习成绩不行，但为人还是比较仗义的。陈梅的内心一直在摇摆。这种摇摆直到陈梅遇到了自己内心的"男神"以后才停止。那是大陈梅一届的学长，在学校的运动会上，两人相识，之后两人就走到了一起。

李雷虽然很伤心，但仍没有放弃，总是通过各种各样的方式，不时地"骚扰"一下陈梅。有了如意郎君的陈梅，对李雷根本就不放在心上，连拒绝都懒得拒绝了，随他去吧。

好景不长，陈梅和学长的爱情像很多校园爱情故事一样，在"相识—相爱—了解—争吵—和好—分手—再和好—毕业—彻底分手"的过程中终结了。

毕业后，陈梅一直没有遇到心仪的对象，对爱情多少有点儿怀疑了。而听到陈梅失恋的消息后，李雷重新发动了攻势，他对陈梅的热情与投入不但没有减少，反而增加了，连陈梅的闺密都在劝陈梅，不如就"从"了他吧。陈梅虽然也念着李雷的好，有时也会有些心动，但一看到他那个邋遢样儿，她真是发自内心地不喜欢，因此还是迟迟不能接受李雷。转眼两年过去了，陈梅受到了家里"催婚"的压力，闺密们还在她耳边喋喋不休地说着李雷怎么好，而李雷也始终没有停止释放自己的热情。终于，在一个倾盆大雨的傍晚，当陈梅远远地看到雨中李雷打着伞的模糊的影子，她流泪了。李雷数年的努力终于修成了正果。两人很快就走入了婚姻的殿堂，男方有条件，女方有相貌，这让身边很多人都很羡慕。

婚后，李雷对陈梅仍像在大学时那么好，两人常常挽手出去旅行、散步，羡煞旁人。一年半后，两人有了自己的小宝宝，是个男孩，双方父母都高兴坏了，在酒店摆了几十桌酒席庆祝。无论在旁人看来还是在亲人眼里，这对爱人之间的婚姻关系，更加稳固了。

婚后的日子渐渐归于平淡，柴米油盐腐蚀着人心，有多大的野心、多大的愿景，慢慢也都在生活中磨平了。18年后，两人的孩子也去国外上大学了。

孩子出国后一个月的早晨，李雷在床头看到了妻子的告别信，信中感谢李雷对自己多年的照顾，并称自己内心对李雷有万分愧疚，但很抱歉，不能用以后的日子偿还了。李雷只看了前几句，就觉得眼前都是金星在闪，大脑中一片空白：为什么？李雷发了疯一样地问。信上写着答案，这一切都因为两个字——不爱。从一开始到最后，一直都没有爱情。"我以为时间长了就会有爱情了，但我发现无论怎样努力，仍然得不到自己想要的爱情。对不起，如果我不是那么心软，如果我能早点儿下决定，就可以早点儿结束咱们之间这荒唐的关系。但是我只是个女人，我有女人的虚荣心，有女人的软弱和摇摆不定，有了孩子之后就更舍不得了。现在孩子成人了，我也终于能放下一切，做一个决断了。因为我知道，再拖下去，害的不只是我，还有你。你是个好人，不应该在无爱的婚姻中过一辈子，你应该去追逐比我更值得爱的人……"

看完信后，李雷哭了。在这段感情中，谁对谁错都无法言说。如果李雷能早点儿停止对明显不喜欢自己的人的软磨硬泡，如果陈梅能早点儿果断地拒绝李雷的示好，那么后面的悲剧可能就不会上演。李雷错在妄想用自己的"好"去交换爱情，陈梅错在妄想用对方的"好"去弥补爱情。两个人的错加起来，铸就了一段无爱的婚姻。不得不说这段错误的婚姻对两人及双方家庭都是伤害，而伤害最深的肯定是远在异国他乡的孩子。

◎ 对不喜欢的人，拒绝是对双方负责

不能果断拒绝不喜欢的人，有两个原因，前文都提到过，一个是女人与生俱来的虚荣心，一个是心软。心软又分两层意思：一层是怕伤害到对方；一层是因为对方的软磨硬泡、苦苦哀求，让自己没法硬起心肠说"不"。但是，爱是世界上唯一不能勉强的东西。

在这一点上，男人往往比女人要处理得好一些，男人一旦不喜欢某个女人，通常会说这个女人不是他喜欢的类型，就算对他再好也是枉然。但女人显然更感性一些，也许刚开始不喜欢这个男人，但随着时间的推移，随着男人"攻势"的加大，往往可能因被感动而改变初衷。所以这就是为什么有人把男人追女人分为三步走——第一是坚持，第二是脸皮厚，第三是坚持脸皮厚。通常走完这三步，就能抱得美人归。这也说明，女人在爱情的选择方面，往往不能坚持初衷，如果与这个男人在以后的相处中确实擦出了爱情火花还好，如果只是一时感动的选择，日子久了感动不在时，可能就会质疑自己当初的选择。所以，如果真的不爱对方，就应该早点儿拒

绝，不要拖到后面欲罢不能，让双方的人生都过得无趣。

除了我们上面提到的一些不好拒绝的原因外，还有一些特殊原因，比如对方可能是亲友或上司介绍的，或者干脆就是亲友或上司的孩子，这让你在拒绝时犯了难，因为还要考虑到上司或亲友的面子。这种矛盾会让心软的你左右为难。

心太软，实际上是对自己的一种残忍。耗费青春时光，走一条泥泞又没尽头的路，该在三个月内解决的一件事情拖了三年，持久战、消耗战打下来，人仰马翻。女人的青春很短，你不能把自己美好的青春年华都用在一份没结果的爱情上，以致到头来伤痕累累的灵魂依然无处安身。

◎ 婚前慎重选择，婚后一生无悔

某年情人节，有一对夫妇被美国有线电视新闻网隆重推出，他们是102岁的丈夫兰迪斯和101岁的妻子格温。这一天，他们之所以成了美国的新闻人物，是因为在离婚率不断攀升的美国，他们俩创造了一项纪录，婚姻维持了78年。他们推出的幸福婚姻法则里就有一条是：婚前选择要慎重。当然，两个人的幸福生活，除了婚前的选择以外，还有很多其他方面，但选择无疑是最重要的。

正在考虑结婚的年轻人，如果不想婚后有可悲的、不愉快的回忆，那么，现在就必须把选择当作一个严肃的问题慎重思考。

因为一次心软或犹豫导致的选择失误，可能会成为你一生的负担。选对了男人，女人会幸福一生；选错了男人，也可以毁掉女人的一生。在选择你的另一半时，一定要明白自己心里最需要的是什么，最在意的是什么。在没有合适人选的时候，宁愿等待也不要勉强，等待比犯错强许多。而一旦合适的人出现，就永远不要放手。

CHAPTER 7

玩转情感和理智的女人，嫁给谁都幸福

01 单方付出很可怕，爱他也要让他爱自己

单纯的女人结了婚，往往把一颗心交给一个男人，她极易毫不保留地将自己的全部柔情奉献出来，沉醉在爱情的甜蜜中不能自拔。女人的幸福把自己给淹没了，她的爱也把男人给淹没了。在这种包含着母爱成分的柔情的包围下，男人真的就退化成了一个不懂事的孩子，脾气粗暴，不讲道理，这是女人们始料未及的。

◎ 付出爱更要索取爱

一对小两口生过孩子后，开始了分床而居的生活。白天工作疲惫，晚上应付孩子，渐渐地两人之间的话越来越少。

"我有个郑重的要求。"女人首先意识到了他们之间潜伏的危机，一天，她对男人说。

"什么要求？"男人漫不经心地问。

"每天给我一个吻。"

男人看了女人一眼，笑了："有必要吗？"

"我提出了这个要求，就证明十分有必要。你发出了这个疑问，就证明更有必要。"

"情在心里，何必表达。"

"当初你要是不表达，我们就不可能结婚。"

"当初是谈恋爱，现在结婚了，都有孩子了，没有那个必要了。"

"怎么会没有必要呢？除非你不爱我了。"

女人的眼泪吧嗒吧嗒像断了线的珠子落了下来，男人最怕女人掉眼泪了，他马上妥协说："好，我答应你，别哭了。"说着走到

床前给了女人一个吻。

女人这才破涕为笑。

此后，男人每天都会在女人的提醒下，给她一个吻，渐渐地男人也就习惯了。每当两人之间有了什么不愉快，都会因为这个吻而化解。渐渐地，两人的关系充满了一种新的和谐。

终于有一天，女人要去另外一个城市进修。临上火车前，她对他说："你终于解脱了。"

"我怕我会怀念这个任务呢。"果然，她到那个城市的第二天就接到了他的电话。他说："爱的任务是幸福的任务，我现在明白了。"男人的声音在电话里异常温存。

女人的眼睛湿润了，她听到他又说："以后，每天我都要打一个一分钟的电话给你，把我的吻在电话里传给你。"

女人的泪珠终于滑出了眼眶，可是，没有人知道她的心里是多么甜蜜和欣慰。后来，有人羡慕地问她说："结婚这么多年了，怎么还能这么热乎？"她都会笑着说："因为我们有爱的任务。"

壶里的水热不热，只和炉里的煤存得足不足、火燃得旺不旺有关系，只要煤足火旺，时间会是一种有效的催热剂。当然，还在于烧水的人是否用心在烧这壶浪漫的水。

◎ 不要让男人失去爱的能力

对于相爱的男女来说，激情飞越之后的婚姻变得平淡是常有的事。人们常常以"平淡是真"为借口，回避对感情的麻木和粗糙，却不明白，如果我们像习惯忽略爱情那样，习惯去经营爱情，爱情就绝对不会冷却了。

否则，只是一味地付出，就会宠坏对方，让丈夫觉得你的爱是理所当然的。爱情到底不是亲情，可以接受得那么理所当然。即使是亲情，尚且是"养儿防老"，是需要回报的。爱情呢？也不可能是一个人的独角戏。当丈夫开始对你颐指气使时，当你尽心尽力地付出连一句感谢甚至一个微笑都换不来时，相信你的心里一定不会再有甜蜜。

婚姻也好，爱情也罢，总是相互计较谁付出得更多当然不能长久，但也不能总是一个人默默付出，所有的感情必须是以平等为前提的。即使是做个专职太太，也别让他对你的爱视而不见，这样的感情同样不会长久。

最重要的就是，女人要明白，爱是一种能力，长久不用就会作废。你在付出真爱的同时，还得有意识地培养他爱你的习惯。在你疲惫的时候，让他给你冲杯茶，让他知道你也很辛苦；在你生病的时候，让他陪你去医院，让他知道你在承受着病痛，也需要人照顾；选择他空闲的时候，让他和你一起打扫房间，或者做做饭，让他理解和体会你的辛苦。总之，你要让他养成关心你、体贴你的习惯和意识。

生活中，常听女人这样抱怨："我家的那位太懒了，什么都不做，结婚这么长时间，厨房里的油盐酱醋放哪儿都不知道""我家那位太自私了！我生病了，他都不知道给我弄点儿药，晚上还和朋友出去玩到半夜才回来。嫁给他，我算倒了八辈子的霉了"。这些满腹牢骚的女人不知道，男人不好，并不都是他们的错，许多时候是你把他宠坏了，是你从来都不懂得"索取"爱。

你爱他，也要让他爱你，婚姻毕竟和恋爱是不一样的。爱可以排斥理性，但生活一定要有理性。女人的爱最容易忘我，迷失自己。清醒一点儿吧，千万不要一边抱怨丈夫，一边又娇惯丈夫。把握住爱的尺寸，做一个能驾驭自己感情烈马的好骑手，才能在温馨的感情世界里尽享做女人的快乐甜蜜，才能赢得丈夫的百般宠爱。

◎ 对自己，对爱人都不要要求太高

不要对自己要求太高。每个人都有自己的抱负，有些人把自己的抱负定得太高，根本非能力所及，于是终日郁郁寡欢；有些人做事要求十全十美，对自己近乎吹毛求疵，往往因为小小的瑕疵而自责，结果受害者还是他们自己。正确的做法是把目标要求定在自己能力范围之内，差不多就行了，要懂得欣赏自己已取得的成就，不要太在意别人对自己的评价，自然会心情舒畅。

不要对丈夫要求太高。聪明女人不会要求男人十全十美，而且知道在婚姻中最重要的东西是什么。因此，聪明女人从不苛求男人。

（1）不要盯住他的钱袋不放。虽然财政大权由你掌管，但是男人也不喜欢只看重他们口袋里的钱的女人。所以尽管人人都知道钱是好东西，也应该稍加掩饰，不然的话，即便你每日为了柴米油盐辛苦忙碌，也得不到他的好脸色，自己的心情也不会好。

（2）不要盯住他的事业不放。男人的工作再不好也是他的事业，一份工作的好坏只有他自己才能评说，即使薪酬达不到你的要求，也不要整天在他耳边唠叨，那样只会令他心烦，影响双方感情。

（3）不要盯住他的缺点不放。谁都希望自己完美无瑕，但这世界上根本就没有完美的人，所以也不要苛求他完美无缺，要包容一些他的缺点，多表扬一下他的优点，也许这样他才会心甘情愿地为你洗衣服、拖地、收拾屋子。

02 不在人前给老公"下马威"

无数单纯的女性都喜欢用丈夫对自己有多顺从来衡量自己在丈夫心里的地位与重要性，甚至用此来衡量丈夫爱自己的程度。没有一个男人不在乎他的尊严和面子，如果你在他的朋友面前肆无忌惮地训他，他是绝不会吃你那一套的。所以，一定要记住：女人的管教只适合只有你和他并且没有其他人在的场合。

◎ 不给男人面子，后果很严重

一天傍晚，在大马路上，许多人围观一对夫妇的争吵。女人十分强硬地要求男的马上回家，男人执意不肯，像是僵持了很久。

刚好有男人的同事路过，见此情景，便上前轻轻地跟他讲："马路上，影响不好，走吧。"这时男人才让了步，对妻子说："回家！"一场闹剧这才闭了幕。

第二天，刚一到公司，男人便找到那个劝他的同事，嘱咐他说："昨天晚上的事情，千万不要声张出去。"

可同事们还是很快就知道了他们夫妻不和的事，并不是同事说漏了嘴，而是一连几天男人的妻子为了显示自己的威风，都到单位来闹。有一次还踢坏了办公室的门，闹得单位报了警。

最后的结局是，男人毅然决然地和妻子离了婚。事情闹到这个地步，是女人始料未及的。女人想不通为什么男人平时都百依百顺的，忽然就不要自己了。

可能大家会想，那个男人是不是做了什么对不起女人的事。其实，事情很简单。男人只是回家晚了一些，女人便开始不依不饶起来，把事情闹到不可收拾的地步。

这个女人的失败之处，就在于不懂男人的心理。男人为什么会在同事的一句规劝之下就乖乖回了家？又为什么嘱咐同事不要声张？说到底，是因为面子问题。而女人却没有意识到这一点，非得闹得男人丢尽了颜面，最终落得被抛弃的地步。

◎ 给他面子，他才能给你面子

"面子"从来都被男人们视如生命，就算是那些在家中毫无地位可言的男人，在外人面前也都要充当男子汉。从来没有听说过哪个男人会在外面对人说自己在家里事无巨细都要听从妻子的，因为，那样会有损他做男人的尊严。

但是，在现实生活中，男人的这种心理对于有些妻子来说都是从未考虑过的，有的时候，她们会自觉不自觉地把只有夫妻单独在一起时的那种颐指气使的威风带到公共社交场合当中来，用以显示自己在家庭地位中的权威性和对丈夫的绝对管束，并以此为荣，而并没有意识到这样做的负作用的严重性。

妻子这样做的直接结果一般会有两种：一是使丈夫感到很尴尬、很狼狈，让丈夫威信扫地，以致使其成为社交场合中被人嘲笑的对象；二是使丈夫对妻子产生反感，对妻子的这种行为甚至是其他行为采取抵抗的做法，这样的行为甚至会成为家庭矛盾的导火索。总之，不管哪种情况，结果都是不好的。

男人可以容忍自己的妻子在家中对自己呼来喝去大多是出于对妻子的爱，但没有哪个男人会宠爱一个从来不知道给自己留一点面子的女人。如果想要做一个好命的妻子就要记住当众蔑视丈夫的做法是一种多么愚蠢的行为。特别是在有外人在场的时候，愚蠢的妻子已经习惯了对丈夫颐指气使，根本不管不顾，结果严重损害了丈夫的自尊心。比如，有的女人会当着客人的面指使丈夫说："去，给我把拖鞋拿来！"这就把丈夫搞得很为难：不拿吧，怕得罪妻子，因为平时妻子就是这样指使自己的；去拿吧，在客人面前显然有些丢面子。这种做法把丈夫推到了一个尴尬两难的境地。而一个聪明的女人却懂得给足丈夫面子，能够把握这种分寸也可以说是一种艺术。

丈夫的体贴听话，女人在家里享受就可以了，没必要炫耀给外人看。没有几个人会羡慕你的幸福，也不会夸奖你教导有方，只会暗暗同情你的丈夫怎么会娶了你这么一个"母老虎"。

只有在外给丈夫留足了面子，大家才会欣赏你的"识大体"，丈夫也才会更加爱你。

◎ 不要打击男人的自信心

生活中，许多男性垂头丧气，没有斗志，多半都是因为他的妻子打击他的每一个想法和希望。她无休止地长吁短叹：为什么自己的丈夫不像别的男性会赚钱？为什么她的丈夫写不出一本畅销书？为什么她的丈夫得不到一个好职位？拥有一位这样的妻子，做丈夫的实在泄气。确实，奢侈浪费给家庭带来的不幸远远比不上抱怨和挑剔。

既然如此，一个渴望事业成功的男人，又怎么愿意娶一个成天抱怨生活的女人为妻呢？

其实，除了对丈夫，引起女人抱怨的事情还有很多。如果你养成了这样的习惯，生活中的一切都会成为你抱怨的对象：你抱怨没有一个有钱有势的老爸，你抱怨世道不好，你抱怨自己就读的学校不是名校，你抱怨中午的工作餐简直难以下咽，你抱怨工作差、工资少，你抱怨空怀一身绝技却没人赏识……

　　你有那么多的理由和事情要抱怨，但是不知道恰恰是你的抱怨使你所处的状况越来越糟糕。你的工作没做好，上司自然会找你麻烦；你不注意减肥，当然没有适合你的衣服；你不看天气预报，被雨淋了又能怪谁？更有不少人自命清高、眼高手低，动辄感到被老板盘剥，替别人卖命、打工，是别人赚钱的工具；你不善待丈夫，他自然会在外边找寻温暖；你把大好的光阴和大把精力都白白浪费在了抱怨上，最后无所作为又能怨得了谁呢？

　　当你拿着画笔在纸上挥毫，也意味着这些印迹将永久地留下来。如果你对自己的作品不满意，就收起，或者扔掉，不要抱怨自己的失误，不要抱怨别人打搅了你的思维，更不要抱怨你因此而浪费了一张纸。如果你的心在抱怨的污水里泡了太久，就会喘不过气来，变得烦躁不安，直至惨淡无比，再也没有心情去画画。

　　其实，婚姻里的女人不是不幸福，只是由于得到的太多，不懂得珍惜。幸福是需要提醒的，因为人们常常身在福中不知福。人们经常以为已经永远失去了幸福，其实错了，幸福一直都在你身边。

　　聪明的女人，永远都别指望通过自己"不懈"的抱怨能改变什么，它只能让幸福离你越来越远。如果想获得快乐，就珍惜已经拥有的幸福，及早收起你的喋喋不休吧。

03 | 男人为什么出轨，什么时候容易出轨

有关"小三"破坏家庭的报道屡见不鲜，不少结了婚的女人也开始变得忧虑起来。那么，单纯的女人面对爱人出轨这个问题，应该怎么预防呢？首先，女人要知道男人为什么出轨。

◎ 男人为什么出轨

社会学家陆承明教授经过对出轨者的研究，总结出了中年男性出轨的原因。他认为，导致中年男性出轨的原因有外在的，但更多的是内在原因。这些内在原因不外乎以下几点。

急切想要摆脱枯燥的生活

当男人感觉生活变得千篇一律、一成不变时，深锁在无聊与寂寞中的他就会开始渴求改变、跃跃欲试、寻求冒险。这些男人不是去外面寻找婚姻中欠缺的任何事物，仅仅只是为了玩一玩，用以调剂他们平凡的生活。

感觉自己压力太大，想逃避

已婚男人在承受不住现实压力时会坠入情网。坠入情网只是为了避免处理人生中的某些问题，恋爱使人们压抑已久的情感得以释放。

对亲密的恐慌

有的男人对真正的亲密关系感到不舒服，因此，戏剧化、悬疑、双重生活的刺激对他而言，十分具有吸引力。这种男人通常来自男女角色划分清楚的家庭，即男人是家庭经济的供应者，女人则是家庭主妇，他们的感情不是太亲密。

想证明自己魅力依旧

年轻时适合恋爱，过了这个时期虽然也可以恋爱，但毕竟机会要少很多，而有些男人进入中年后，仍然不想失去过去的一些东西。他们过去可能比较讨女孩的喜爱，而现在由于年龄的问题，这种令自己感到满足的东西没有了，他们不安于现状，仍然想保持过去的所有，想证明自己魅力依旧，所以，企图通过艳遇或出轨来满足自己的欲望。

渴望性激情

性生活在婚姻中往往会由于夫妻日常琐事过多而被忽略，或被排挤到比较不重要的位置。当男人需要更多的性生活又在家里满足不了时，外遇就成了一种寻欢作乐的新尝试。

天生多情

不可否认，有些男人天生就是风流多情种。这种拈花惹草的男人与那些利用外遇来逃避亲密关系的男人不一样，这些多情浪子常常自我感觉很好，但对婚姻却一点儿也不在行。

一时心血来潮

我们必须承认，男人和女人是不同的，女人在情感和肉体上往往是统一的，她们爱一个人，可以将身体完全给这个人，而一旦身体出了轨，她们的感情也就会随之动摇。而男人不同，男人可以将情感给一个女人，而身体给另外一个女人。有时男人的出轨真的与感情无关，他们只是因某种机缘凑巧与另一个女人上了床，但这并不等于他们想跟妻子离婚。虽然这件事实在令人难以面对，不过却是实情。

得不到妻子的关心

男人如果在家里找不到安慰，就会绕开对自己"视若无睹"的妻子，而到外面去找别的女人。这一点也是男人出轨的一个重要原因。

存心报复自己的妻子

男人若是怀疑女人对他不忠又无法原谅她时，男人会以炫耀自己的风流艳史来报复女人，慢慢地就成了怒气冲天的男人难以打消的念头。

对人生失去热情

心理学家指出，对人生失去热情，沮丧会使男人的内心感觉无助、无能，无法做任何事情。最简单的解决方法是找一个善解人意的性感女人……逃离令男人沮丧的现实环境。

◎ 男人易出轨的四个关键期

艳遇和出轨并不是随时都会发生的，对于男人的一生而言，有以下几个时期需要特别注意控制自己。否则，艳遇发生后你将面临的是令人痛苦的家庭纠纷。当然，男人的出轨最痛苦的还是家中的女主人。

失意的时候

男人是家庭生活的主要承担者，他们往往被寄予厚望，但是，现实生活中男人总会碰到不如意，总会有挫败感，已婚男人在承受不住现实的压力时容易坠入情网。坠入情网只是为了避免处理人生中的某些问题，因为恋爱会使人暂时丧失理智。这时，男人最需要的是从女人那儿得到安慰和肯定，希望依靠女人的温情来放松自己，进而重建自己的信心。假如这个男人缺少一位能与他水乳交融的伴侣，那么此时他是很希望有别的女人"乘虚而入"的，甚至随便找一个他平时不屑于亲近的女人。假若有一个平时一直心仪于他的女人去主动安慰他，那么是很容易发生点什么的。

男人脆弱的时候很像一个孩子，而女人天生就是当母亲的好手，男人感情上的升华有时是在他最为脆弱的时候完成的。

机缘巧合

婚姻之外，男人可能对某个异性有好感，双方都心知肚明，只因一直没有机会走到一起，所以一直保持着普通同事或朋友的关系。一次偶然的机会，为双方创造了条件，一不小心就突然进入了状态，迷迷糊糊中两人突破了界限……

在机会来临时，女人总会显得犹豫不决，但男人往往会抓住机会主动出击。机会主义的男人有时也确实能给女人一个意外的惊喜，但更多的时候他们并不想为自己的一时冲动承担任何责任。对于男人而言，他或许还不想离开自己的家，这只不过是一场艳遇。

暴富之后

这种人往往并非花花公子或天生好色的那种，但至少金钱使他的男性本能霎时膨胀了。他们早年的生活很可能比一般人来得灰暗，情场上的失意也很令他们耿耿于怀。他们利用自己的金钱不断制造艳遇，只是出于一种弥补心理，艳遇的次数往往作为他们体现"成就感"的标准。至少爱情之类的说法，对他们而言很可能只是一个笑话。

婚姻进入平淡期

在现代社会，婚姻多少有点儿像我们过去所说的"铁饭碗"，特别是经过从恋爱到婚姻的初级阶段后，双方的感情升华到一定程度后势必会进入一个相对平淡的时期，没有过多的波澜起伏。男人那种喜新厌旧的本能便会蠢蠢欲动，尽管双方未必有分居或离婚的意思。这一时期很值得关注，因为这是对双方婚姻感情的考验。

实际上，婚姻进入平淡期后，更多的婚外恋发生在新认识的两个人身上，早年情人的旧情复燃，只有在至少一方的婚姻亮红灯的情况下发生的可能性较大。有一个现象很有趣，有些人早年像托尔斯泰一样放荡不羁，但到了一定的时期尤其是到了晚年，会过得像清教徒一样纯洁；有些人婚前经历单纯，但随着婚姻高潮的过去，反而对外界的抵抗力变得很差。其实，婚姻就是过日子，维持婚姻靠的是责任心和生活上的互相尊重和需要。婚姻确实需要感情，但跟恋爱时相比毕竟是两种状态，正如当音乐迷跟当DJ的区别。

当感觉生活变得一成不变时，深锁在无聊与寂寞中的男人就会开始渴求改变，跃跃欲试寻求冒险。其实，眼睛向外看的男人不是去外面寻找婚姻中欠缺的事物，仅仅只是为了玩一玩，用以调剂他们平淡的生活。

这一时期，男人应该保持头脑清醒，不可因一时头脑发热而做出错误的决定，你应该想方设法为你们的家庭生活多添些乐趣和刺激，这样过起来才会有滋有味。

男人们都很清楚，因为一场艳遇而造成家庭破裂是不划算的，这当然也不是大多数男人想要的。如果想保护好自己的家庭，男人就应该警惕艳遇，在艳遇高发的四个时期对自己加强控制，这样，人生坐标才不会偏离方向，犯下重大的错误。

◎ 花心丈夫的蛛丝马迹

俗话说，女人四十豆腐渣，男人四十一枝花。外遇现象最容易发生在40岁左右的中年男子身上。这时的他们，一扫少年时的幼稚和青年时的轻狂，有的只是一份沉稳和从容。随着知识的沉淀，阅历的丰富，他们的能力逐渐增强，才华也逐渐展现，在工作中取得的成绩越来越引人注目。这种事业上的成就难免让年轻的女性感到钦佩和仰慕。而恰恰这个时候，他们的妻子因岁月不饶人，容颜逐渐变衰老了，身材也走了形，又因为常年的劳碌忽略了个人修养和知识的提高，而变得无甚魅力可言。

于是现实生活中便出现了这样一幕：男人们相聚的时候，经常在某一个时段，他们的手机会不约而同地响起来，这时彼此心照不宣地笑一笑，唉，家里的那位又查岗了。

因为对那"馋嘴猫儿"似的丈夫不放心，查岗是妻子们的惯用方法。有些女人除了要随时掌握丈夫的行踪之外，还会进行其他一些更为彻底的搜查。譬如摸摸丈夫西装的口袋，看有没有什么可疑物件；在一起逛街时，发现丈夫多看了几眼店里的女人饰物，查问意欲何为；至于日常有女子电话，更是必问什么人，为什么打电话来。一旦沦落到这种凡事追根究底，一点都不遗漏的地步，女人就很可悲了。毕竟连枕边人的心思都把握不住，怎么说都有些过于迟钝。而出轨的丈夫，不可能一点儿蛛丝马迹都没有，他瞒得了别人，却很难瞒过细心的妻子。

一般来说，当丈夫出现下列行为时，通常表示他的心思在家外游离了。

过去需要你三番五次催促，才会把衬衣换下来的丈夫，现在却变得很自觉。他的头发也变得整齐，皮鞋也擦得很亮。总之，往日不大注意仪表的他突然变得讲究起来。

他的下班时间越来越晚，晚上和节假日也经常要加班或有应酬。工作没变，却突然变得忙起来。

他的钱包空得很快，钱的去处不明。过去经常拿回来的奖金等额外收入突然没有了，甚至家里存折上的钱也莫名其妙地减少了。

他经常接到电话不应答，或者躲到另一间房里听电话。他手机上的声音悄悄关掉，改为振动了。

他突然改变了着装品位，喝酒、吸烟和其他生活习惯也有所改变。

他对家里的事情越来越不关心，不愿与你一同逛街或出入公众场合，对你的外表和行为变得挑剔和不耐烦起来。

一向对你不大体贴的他突然无理由地向你大献殷勤，送你礼物或帮着你做家务。

他主动向你提出性要求越来越少，夫妻性生活变得少了。

如果以上几种情况一应俱全，虽不能百分之百判定你丈夫有了外遇，但至少说明你们的婚姻已经呈现亚健康状态。这时，作为妻子的你，要格外注意了。如何消除这种亚健康状态，挽回丈夫渐渐淡漠的情感和心灵，让婚姻重回正轨，是你必须要做的事。

◎ 出轨的男人还能要吗

在漫长的婚姻历程里，有多少夫妇从来没遇到过龃龉的事情呢？即使有，他们之间的感情也会遭到质疑：莫非他们彼此已经漠不关心了？

相对男性而言，女性对生活品质的要求更高，所以她们更容易看到生活中的"沙子"。在男人们看来，那些漫不经心的风流错误，对于他们的妻子而言，却常常是一场深深的伤害。

美国前总统比尔·克林顿和他的夫人希拉里之间，曾经插入了一个年轻的白宫实习生莱温斯基。当年消息一出，全世界的人都等着看他们的笑话。

希拉里，这位公众眼中一向严于律己的女强人，她的尊严几乎被践踏得一丝不剩。各种各样的评论相继出现，有些人问她怎么可能再忍受下去，另外一些人则说这是桩交易性的婚姻。

在回忆录《活的历史》中，希拉里写道："有人问我维持这段婚姻的理由，我只能回答，是因为我们之间的爱，几十年的相爱、共同经历的岁月、共同抚养女儿和赡养父母，拥有共同的好朋友、共同的信仰，对我们国家共同的义务……"

2001年1月，希拉里成功竞选为纽约州议员，丈夫克林顿的任期也到了。那个时候，她意识到，她爱克林顿，珍惜和他共同度过的时光，依然希望维持他们的婚姻。她希望，他们能一起变老……

　　面对这场突如其来的灾难，希拉里显示出了她冷静的智慧和坚毅的性格。她平静地宣称仍爱着克林顿，一如既往地陪伴他飞往各地，并把一家三口相亲相爱的画面传遍全球。虽然我们不排除在希拉里的表现里，有一部分政治因素在起作用，但是她的平和与冷静，依然可以引领许多受到伤害的妻子从失望和迷惑中走出来。

　　面对丈夫外遇，职业女性的内心往往比传统女性的还要痛苦。因为她们的自我意识比较强，造就了敏感的个性，易受伤害。其次，职业女性往往比传统女性更有尊严和教养，这使她们过分看重自己的面子，不愿在丈夫面前有失自尊。其实很多时候，良好的教养在发生问题时往往会成为职业女性的阻力。这时一定要告诉自己，设法从教养的束缚中解放出来。因为教养应该使我们获得更好的心理素质，并且成为我们解决问题的动力。只有放下教养的负重，正视眼下的问题，学会以问题为中心，才能解决问题。

　　你首先必须做的一件事就是问自己，你还爱你的丈夫吗？毕竟，你们夫妻已有一段感情，想想他的过去，可以帮助你做出眼下的判断。如果你一时无法回答，不要紧，也用不着逼自己，不妨先睡一觉，然后从你可以找到的纪念品中（比如他给你买的礼物，你俩的照片等）重新追寻过去的足迹。如果过去的回忆还能带给你温馨，说明你的爱还在；如果你已经没有了感动，那就要设法重新选择。如果你想到他的优点时，发现无论怎样，你都难以舍弃，那么你最好遵从自己的内心直觉。

　　仔细想想，金无足赤，人无完人，如果你确认自己真的爱他，那就要拿出实际行动来证明你的爱，尤其在他的外遇只是一场偶然的情况下，你最好能原谅他，给他一次悔改的机会。至于那些必然的外遇，你就要问问自己到底要什么了，以便对将来做出理智、谨慎的打算。

04　在家庭中不要争强好胜

家事一般都是比较小的事情，而矛盾往往隐藏在这些比较小的事情中。大事上大家往往还能保持团结，在小事上却经常斤斤计较，互相伤害。而家事又是不可避免的。事实上，家事也往往会影响我们的工作，所以，要想在事业上获得长足发展，首先就需要我们把家事处理好。

处理好小家事是需要我们有大胸襟的，这需要我们有容人的气量和肚量。大胸襟能让家人生活在平和的环境中，能让每个人都保持良好的生活态度，而和谐的家庭关系，也会对我们的事业发展有所助益。

◎　我不高兴了谁都别想高兴

珠珠从小是家里人捧在手心长大的傲娇女。她喜欢逛街，喜欢名牌，喜欢买一些当季流行的衣服和鞋子，这就意味着她的衣橱会越来越“肥胖”。好多衣服好好的，也没穿过几次，就被她束之高阁了。婆婆见她衣柜都满了还不断往家带衣服，每个月都是月光族，便着急了。当珠珠又带着几个装满衣服的购物袋进门的时候，婆婆说话了。

“珠珠，你看衣柜里那么多衣服了，怎么又买呢？你们该攒点钱了，以后生孩子、养孩子需要钱的地方多着呢。你现在一点钱也积攒不下，老是买衣服，最后有急用的时候就会着急的。”

傲娇女怎么听得进去这些？“首先我花的都是我赚来的，结婚前我就这样，我妈也没管我，您何必担心呢？其次，养家养孩子是你儿子应该干的事情，你怎么不说他天天不务正业玩游戏？怎么就看我处处不顺眼呢？我哪里招您这么不待见了？我衣服多也是原来的款式，今年的新款一件没有。别人都能买，我为什么不可以？"

珠珠说完这些，婆婆转身离开了，没再说什么，可是珠珠心里还不爽呢。她觉得自己的生活被别人监视，自己连买衣服都得被别人说，她很生气，跑回房间看见老公还在打游戏，她揪起老公就是一顿发火。老公莫名其妙，觉得她不可理喻，穿上衣服就约朋友打牌去了。珠珠的火更大了：你们都这么潇洒，想干什么干什么，凭什么我就得憋屈？

傲娇女脾气越来越大，在房间号啕大哭，引得左邻右舍的都过来问怎么了。婆婆赶紧把儿子召唤回来，一家子劝了半天，珠珠才平静了一些。她的一番折腾，让一家人都备感疲惫，婆婆放话让他们出去住，她听说后又是一通折腾，原本关系很好的夫妻俩，关系也越来越平淡了。

情绪不稳定是客观的，是否表现出来则是一种主观性很强的举动。一个能带给周围人幸福的女人绝对不会在对方面前随便发泄自己的愤怒，哪怕是语言上的。因为她明白，情绪不稳定是一个女人工作和生活的定时炸弹，一不留神，就会失去控制。

◎ 我们的愤怒是有理由的，却是无济于事的

也许我们心里有太多的委屈、经历了太多的挫折，甚至是受到了太大的压力，这一切都可能成为我们发怒的原因，可是发怒对于这些原因来说是无济于事的。在你发完怒之后，你的委屈并不会因此减少，你的挫折还同样存在，甚至你的压力会越来越大……这一切的一切，并没有因为你的发怒而向好的方面转变。

明白了这一点，虽然没有对事情本身产生多大的作用，但你会明白发怒之后对于事情本身并没有任何作用，这样说不定在你下一次即将发怒的时候会因此而停下来。

　　成功女人的性格犹如铜钱，外圆内方，在温柔如水的外表下，跳动着一颗坚强的心。她们已没有了狂热女权主义者的幼稚想法，从不摆出一副百毒不侵、盛气凌人的女强人的面孔，也从不以为这样就是坚强。她们知道：刻意追求的强悍，与自己真正的内心世界反差太大，是毫无韧性的坚硬。因此，她们懂得用最温柔的行为出击，争取最合理的待遇与最合适的位置。而且，聪明的她们从不像工作狂那样抛弃男人与爱情，她们懂得用理智的心理去体会爱情的美妙滋味，但从不依赖爱情，却充分享受爱情带来的甜美；她们从不控制情感，却知道如何把它向美好的目的地引导。男人亲近她们，却从不敢轻侮她们。

　　我们经常在安慰别人的时候说要懂得"心平气和"，可是往往在自己发怒的时候却经常忘记这一点。"心平气和"包括"心平"和"气和"两个方面。这两个方面进行比较之后我们会发现，"心平"很多时候比"气和"要重要得多。为什么？有一句名言是这样的："这个世界有太多的欲望，所以也就有了太多的欲望满足不了的痛苦。"

　　世界就是这样，存在着太多的欲望。而生活在其中的人，无时无刻不受到这些欲望的诱惑，在拼命追求这些欲望。可是我们知道，一个人的能力毕竟是有限的，用有限的能力去追求无限的欲望，这显然是一种不可能的事情。在这种不可能的前提下，很多人势必要失败。当失败的阴影遮盖你双眼的时候，心情会变得灰暗，势必会因此而发怒。这就是发怒的整个过程。纵观这个过程，我们发现，罪魁祸首其实就是所谓的欲望，而它的主人就是我们自己。从中我们可以得出这样一个结论：要想"心平"，首先要管好自己的欲望，不要让它到处乱跑，否则，受伤害的就是你自己。

　　除了"心平"，还要懂得"气和"。所谓"气和"就是你在和对方交际的时候一定要和声细语，即便此时你的心情糟糕到了极点，也要保持冷静。因为你心情不好并不是因为他人引起的，我们不能主观地把自己的情绪转嫁到别人身上。这样对别人是不公平的，对你自己来说也是一种罪过。特别是对于一个追求优雅的女性来说，要懂得掩饰自己的感情，才能做到"风不惊，浪不摇"。

有人说："我是蜘蛛，命运就是我的网。"其实我们的生活就是一种蜘蛛的生活，自己把自己捆在某个地方，特别是当我们遇到某个生活缺憾的时候，我们总是拔不出埋在其中的腿，即便腿埋得并不是很深。

原因很简单，就是我们不懂得接受生活的缺憾。很多人都把生活的缺憾当成一种瘟疫，能躲则躲，能避则避。可实际上这种缺憾是上帝给予我们的一个礼物，只是因为这种礼物的外包装并不漂亮，所以，我们一直在遗弃它。缺憾就像一个坚果，外表坚硬，可里面却营养丰富。我们缺少的就是一副咬开坚果外壳的好牙口。

成功女性是走钢丝的高手，善于在家庭和事业之间求得平衡。眼见险象环生，忽地来个漂亮翻身，又是一副悠然美态。她们不是一成不变的角色，懂得在职业女性与贤妻良母之间进行角色的转换，什么场合什么角色，泾渭分明。

其实，细想一下，生气又能如何呢？既改变不了事实，又破坏了你的形象，这种"赔了夫人又折兵"的事情，聪明人是不会去做的。当一个女人的内心宁静如水，生活的杂乱和烦恼就不会再干扰她。一个人的愤怒是有理由的，却是无济于事的。因地制宜地去生活，对那些无法控制的事泰然处之，宁静便会降临，你就会逐渐具有宁静、高雅的魅力。

◎ 不必知道的事情无需刨根问底

"你今天都做什么了？有谁给你打过电话啊？是男的还是女

的……"人刚进屋，各种问题接踵而来，这多少有点儿让人厌倦。很多的家庭成员都有这样的习惯，总想知道对方在工作中、生活中的各种情况，而且事无巨细，什么都要打听。生怕对方有什么事情隐瞒自己，这种问题问多了，对方肯定会产生对抗心理，而且有的问题甚至会伤了家中的和气，比如，有的妻子下班回家，先问孩子"今天你奶奶在家干什么了，说什么了"等。如果问到有关情况后，则乱加联想，甚至猜疑，这样矛盾也就产生了，其实有些问题你根本就可以忽略不问的。

话到嘴边想一想。有的人心直口快，想什么说什么，而且自己还有道理：都是一家人，哪有那么多计较？其实一家人并不是对所有的话都不在意。相反，正因为是一家人，才对其所说的话特别在意。你可能也有这样的体会，当你和别人争吵几句的时候，你可能很快就把这事忘了，但如果和你争吵的是家人，你可能很长时间都对他所说的话耿耿于怀。所以，对待家人更应该注意自己的言行，想一想再说，一定要更理智也要更缓和，这对家庭的和谐可是很有好处的。

05 和婆婆相处，做好自己就好

天下的母亲，对儿子或多或少都有占有欲。所以，你嫁去婆家后，婆婆会因为你的加入而深感不适，因为她辛苦生下又一手带大、倾注了无数心血的儿子，从此以后就要从她的身边离开，去跟另外一个女人共同经营一个新的家庭了。这件事情让她一下子无法接受，她不愿意儿子突然把爱转移到另外一个女人身上。

◎ 不必做婆婆理想中的"完美儿媳"

当你初来乍到时，婆婆很可能会用一种挑剔的眼光看你，有时甚至会对你指手画脚，要求你这样做，那样做，总之做得要让她顺眼顺心。此时你不必和婆婆计较，因为她的心思全在自己的儿子身上，她不会像你自己的妈妈那样去包容你的一切。你只需理解婆婆的心情，没必要为了她的心理感受而刻意地改变自己的一切习惯甚至是个性，就算你一味地按她的想法去做她的"乖"儿媳，也未必能得到婆婆的认可。此时你不如依然坦坦荡荡地做你自己，保留自己的个性、做事风格，并真心爱你的婆婆，相信她同样能感觉到。

只有思想和人格独立的人，才会受到别人的尊重。你在嫁入婆家之后，有些事情难免会受到婆婆的影响，可是作为一个新时代的女性，你一定要有自己的主见。如果你能在全心照顾丈夫之余，坚持自己的主见，"我要有我自己的事业，这样才会彰显我的价值"，那么当你取得事业上的成功时，婆婆也一定会为你的成功而高兴，会认为自己的儿子娶了个让人骄傲的好媳妇，此时她的脸上也会有光。当你用自己赚来的钱孝顺婆婆的时候，她会有一种受到尊重和关怀的感觉，这样你们的婆媳关系自然会越处越融洽。也许你的婆婆看不惯你有那么多的异性朋友，时不时地会唠叨一下。如果你只是为了让婆婆安心，而放弃这些朋友，以致生活圈子最后局限在你的家庭中，那么你很可能会因为没有了自己的交际圈而变得不那么优秀。当你渐渐变成黄脸婆，也很可能会因此失去老公的疼爱。如果连老公都不疼爱你的话，那婆婆还会把你放在眼里吗？或者你一味地听婆婆的话，她为了省钱不让你买化妆品你就不买了，那么你的美丽多少会打折，这可是你赢得老公宠爱的一个资本，怎么能因为婆婆的观念而丢掉呢？你的婆婆看到你包揽了所有的家务，她才会开心，如果你真的照做了，那你到底是做家务照顾她儿子的保姆，还是一个充满魅力的妻子呢？

其实就算你完全按照婆婆希望的方式去行事，也未必能够获得婆婆的认可。毕竟，你不是她的亲闺女，很难得到婆婆对小姑子的那般疼爱，而且你的丈夫也不会喜欢一个完全听命于别人，即使是他的亲妈，而没有自己主见的女人。所以，在与婆婆相处的过程中，你一定要保持自我的本真，不要做她希望的应声虫。

◎ 再不乐意的事，也要微笑着处理

要处理好和婆婆的关系，笑，在很多时候是一把很锐利的武器。其实，很多时候，你跟婆婆的争吵也并不是因为什么大事，就是日常生活中一些鸡毛蒜皮的小事，那么，作为晚辈，让一让她又何妨？除了微笑，脸上不要表现出任何其他不满的表情。面对她的挑剔，她的指责，她的刁难，你通通以微笑来回答，用你的微笑来浇灭她的怒火。你都不跟她计较了，那么她还会计较到哪里去？还不是会自动"休战"？

即使婆婆再好，她也不会像你自己的妈妈一样无限度地迁就你，也不会像老公一样无限度地忍让你。你把自己在外面受的委屈、遇到的糟糕事情，都转嫁到婆婆身上，结果只会破坏你跟婆婆的关系。长此以往，你跟婆婆的关系就会变得难以修补，整个家庭的和谐也就会因此消失。

豆豆在一家不错的投资公司上班，但由于经济危机，单位裁人，豆豆下岗了。下岗之后的豆豆拿着自己和老公这几年的积蓄，开了家服装店。但是，由于豆豆没有进货经验，进的货不仅贵，而且也不符合市场潮流，因此不到半年，豆豆的服装店就被迫关门了。豆豆赔了个血本无归，她开始自暴自弃，每天只在家里睡觉，对家人也爱搭不理的。老公多次安慰、劝说、鼓励她，也不奏效。婆婆看在眼里，疼在心里，却也不知道该怎么办，问她，她不说；劝她，她不理。最后婆婆问急了，豆豆就朝着婆婆发脾气、摔东西，弄得家里人心惶惶，谁也不敢再跟豆豆说话。

刚开始，婆婆还体谅豆豆心情不好，迁就她。但是，随着豆豆的愈发过分，婆婆觉得没有理由太过迁就豆豆，本来就不是家里人欠她的嘛。于是，婆婆跟豆豆就跟那针尖对麦芒一样，谁也不让谁。整个家就像是一个战场，豆豆的老公夹在中间，说谁也不好，下班了也不想回家。

假如你的情绪真的很糟糕，回到家，婆婆问起，就算你不想说也不要一口回绝，不妨给她一个疲惫的微笑，告诉她："妈，也没什么事儿，我很累，想先休息一下，回头再跟您说，可以吗？"媳妇无奈且疲惫的微笑，是激起她怜惜的最好武器。此时，她肯定不会对你追问个不停，而是会让你先好好休息。

是用一个微笑"挡"住婆婆的嘴、激发她的怜惜之心，还是在她不断追问、你打死不说中引发矛盾呢？大家应该都有了自己的答案。

◎ 不想纠缠的事，幽默地屏蔽掉

媳妇和婆婆，本来都爱着同一个人，相互之间的"争风吃醋"也好，暗地较劲也罢，都会让做儿子的很难受。有些事情，太纠缠了反而会把关系搞砸，不如适当地装装傻，不要跟婆婆对着干。

彭彭回家以后，婆婆正嘟嘟囔囔地说她没收拾房间，脏衣服堆了一堆。彭彭本来想跟她说两句，又一想，何必较真呢？老公不挑自己就得了，何必对婆婆要求那么高？

她想到这里，就换了一副笑嘻嘻的表情："妈，我要是太勤快了，怎么能显出您的能干呢？你看，大鹏的臭袜子等您等了好几天了，它们说只有您洗得最干净啦。"婆婆听到媳妇这样说，一点儿都不好发作，只能埋头整理家务去。

其实，有时候婆婆的挑剔更多的是对儿子婚后理想生活的幻觉。她们总觉得儿子那么优秀，就一定能娶一个优秀的儿媳妇回来。可是，人无完人，她们只看见媳妇的缺点，很少注意媳妇的优点，带着这样的心情和媳妇接触，肯定不会让双方都高兴的。但是，媳妇聪明一点儿的话，哄哄婆婆，幽默地处理这些事情，就一定会有一个好的婆媳关系。

06 珍惜现在的一切，乐于享受平淡生活

有句话说得好，平平淡淡才是真，但平淡的生活往往又令喜欢浪漫的人觉得"乏味"，比如一日三餐，比如孩子老人。婚姻需要两个人用心经营，用心呵护。更重要的是，置身于婚姻当中的人，一定要学会用感恩的眼光来看待一切，世界每天都在变，不要认为现在所拥有的这些是理所应当的。要学会享受平淡的生活、平实的幸福，并在平淡与平实中添加一些温馨的色彩。婚姻不是索取，也不是纯粹的奉献，夫妻双方要学会在婚姻中共同成长。

◎ 婚姻最需要的是在平淡中的互相呵护

细细品味，平淡的婚姻犹如一捧细沙。它也需要我们小心地珍惜与呵护。无论是抓得过牢还是握得过松，它都会从你指缝间溜走。

在平淡的婚姻中，夫妻如同乘一列火车观光的朋友，在旅途上，他们相互照料、相互体恤。如果给他们的爱情打分，他们的激情和浪漫程度也许只能打60分；如按婚姻的和谐持久来打分，则可打90分。他们的爱情也许永远无法建立那种爱和恨都深入骨髓的关系，可他们却能经受住各种严峻考验。你说它平俗，可它却很实用、很真实、很可靠。

夫妻间的生活犹如两块石磨之间的磨合，不是他去适应你，就是你去适应他。你们一起经历风雨，穿越荆棘，走出沼泽，最终踏上一马平川。无论是你最失意，还是最成功时，你都会发现：对方才是你最大的牵挂。

当你晚年站在婚姻这座围城之巅，你会自豪地发现一个不变的

真理：原来平平淡淡才是真。你才是婚姻的主宰者，而你的婚姻是那么真实，那么清晰，那么叫你感动不已。

婚姻不单单是两人世界，婚姻讲求实际，就是实实在在地过日子，每天开门七件事：油盐柴米买菜难，水电住房生活费。在婚姻里，责任和理智是非常重要的，走过初始的"两人世界"，新婚的柔情蜜意渐趋淡化，"小天使"的降临尤其让人感到肩上的分量。婚姻之舟这才算是真正驶出了港湾。

这种平淡的婚姻是值得珍惜的，它是对现实婚姻和人的情感规律的一种透彻的认识和醒悟，是一种难得的豁达和乐天知命。和最爱的人相伴终生，真是非常浪漫的一件事情。

◎ 夫妻间有时也要装糊涂

在夫妻生活中如何才能做到"糊涂"呢？

对小事不要斤斤计较

不要过于注重生活琐事，不要求全责备，居家过日子每天都要遇到一些大事或小事，因此生活中的种种矛盾很难避免。如果遇到事情夫妻之间总是斤斤计较，非要弄个谁是谁非，硬要讨个"说法"，这种较真的结果就只会带来烦恼和忧愁。久而久之，不利于身心健康。特别是作为丈夫，作为男人就更不应该在小事上斤斤计较。有的男人，在妻子买回东西后，问得特别仔细：菜多少钱一斤，河西买是五毛钱，河东买是四毛五；单位出差和谁一起去，去几天，都去哪，怎么去；等等。同样，有的妻子也对男人买回的东西评头论足，这东西你买贵了，或者是质量上有问题，你就没好好挑挑，等等。这些事都是有违糊涂法则的。

让自己具有宽广的胸怀

要胸怀宽广，也就是要宽容大度。胸襟开阔、宽容大度表明一个人的自我修养，表明这个人明白事理，宽以待人。居家过日子往往会遇到许多不顺心的事。比如，男人的一位朋友急需用钱，男人把钱借给了朋友。如果妻子是个小心眼，知道后就会琢磨，他背着我借钱给别人，有第一次就会有第二次，这次告诉了我，可能下次就瞒着我。如果妻子光琢磨借钱这一件事还好，如果琢磨着琢磨着就往其他方面瞎琢磨了。如他不信任我了，他不是把钱借给人而是送给了人，借他钱的是男还是女？平常让他拿出点儿钱都挺难的，怎么借给别人钱却挺大方？等等。这就是我们平常所说的小心眼、钻牛角尖。遇到这样的人就不要和她计较。

在家庭中宽宏大量的男人，能够使家庭化险为夷。比如，妻子的特点是说归说，做是做，妻子每天做家务，心里觉得不平衡，难免嘴里要唠叨几句，发发牢骚。对此，男人不要计较，拿出"宰相肚里能撑船"的气量或开开玩笑。与宽宏大量的男人一起生活，妻子会更放心，没有后顾之忧。

一位哲学家说过，一个宽宏大量的人，他的爱心往往多于怨恨，他乐观、愉快、豁达、忍让，而不悲伤、消沉、焦躁、恼怒。他对自己伴侣和亲友的不足处，能以爱心劝慰，晓之以理，动之以情，使听者动心、遵从，这样，他们之间就不会存在感情上的隔阂、行动上的对立、心理上的怨恨。

夫妻之间一定要把握好"大事清楚，小事糊涂"的原则，这样才不至于被许多小事分散精力，才能营造融洽的家庭氛围。

◎　女人要知道的幸福一生的秘诀

一个女人要想握住一生的幸福，就要找准自己的爱人，对他忠贞不渝。为了让家庭更有保障，女人还要守护住自己的爱情。

女人应该怎样守护爱情呢？

懂得幽默风趣

婚姻的和谐需要特殊的润滑剂，两个人在一起生活当然不能缺少幽默这个能让爱情得到舒缓、欢乐的最好工具，更何况幽默对于女人来说，正是保持与丈夫感情的重要资本。

幽默是对婚姻生活充满乐观情绪和自信的表现，另外，也使你和你的爱人彼此更加相爱。

幽默，是一种人生智慧，它涵盖了人生的所有内容，是广博的智慧、博大的胸怀，了悟人生，于平凡处发现价值，于渺小处发掘伟大。以一种愉悦、满意、含笑、超脱的心境看待人生，它是一个人智慧的体现。没有幽默，你的生活也就失去了许多色彩。

在婚姻生活中，牙齿总有碰到舌头的时候。夫妻之间发发小脾气也是常见的，幽默、风趣在这种关键时候往往能显示它的特殊魅力，取得意想不到的效果。

幽默，是女人机智、聪慧的体现。在婚姻中，适当地运用幽默，可以使两人舒心、愉悦，增加生活情趣，使爱情在轻松、舒畅的氛围中不断深化，永葆青春。

拥有一份浪漫情怀

浪漫与其说是一种情调，不如说是一种心情、一种黏合剂，使爱情常新的心情，使爱情更加坚贞的黏合剂。而浪漫本身就需要你为了爱情而发挥自己的智慧，展现自己的魅力，使对方更加爱恋自己，这是一个人心灵上的创新，心情上的再生，是彼此人格魅力、情趣、素质的展现。

每年的2月14日是不是你和爱人最为浪漫的日子？不错，这是属于情人们的节日，是互表爱恋、促进爱情的特殊日子。每年大家都过情人节，在这样的日子里使自己的情人节过得独特，在你心爱的人心田里留下永久的记忆，就是一种铭记终身的浪漫。

你想知道"情人节"的故事吗？不如看看我们的介绍，说不定能激起你对爱人的深情。

公元270年，一个虔诚的基督教徒男青年瓦伦丁在受到罗马统治者的迫害入狱后，奇迹般地与监狱长的女儿萌生了爱情。当他被执行死刑时，他给情人写信表达了他至死不渝的坚贞爱情，而那一天正好是2月14日。从此，人们就把这一天视为多情的节日、爱恋的象征。

有人会说，何必特别在意呢？其实每一天都是情人节。这句话对也不对，如果天天都是情人节，那不是把女人累死了？不过，如果女人有心，不妨设定一个只属于你们两人的情人节，你可以把你和自己的爱人最难忘、最有纪念意义的和曾经有过的最开心的时刻，作为来年重逢或重新体验的"节日"，作为特别富于情趣的纪念。

特设的情人节，是两人在婚姻生活中爱恋智慧的融合，是彼此心心相印的印证。由于特设的情人节具有特殊的恋情内涵，因而常能形成恋人之间一种刻骨铭心的特殊期待，从而丰富恋人神秘而又颇具传奇色彩的情感世界。

对于这样的"节日"，即使于日常生活中，只要有一方提及，也足以使得另一方心中产生极不寻常的波澜。等到一次、两次过去，等到你与爱人看着儿孙长大，这些属于你们的日子就会长久地印记在令人心悸、令人动情的人生罗曼史上，成为不朽的爱的盛典。

如何为你们特殊的"情人节"准备呢？也许你可以为情人节的活动设计一个别出心裁的节目，或者为爱人准备一件他喜欢的小礼物，也可以把某种已经获得的成功拿到这时来宣布……总之，当你奉献出自己的一颗热情的心以后，那份体验也会变得更加甜美。

拥有责任意识

性格上尊重对方，生活上关心对方，事业上支持对方，患难时信任对方，争吵时照应对方。帮助，不仅仅是在爱人上楼时扶他一把，更重要的是在共同承担责任的过程中深化爱情。

用心去培育你的爱情之花，让爱人时刻感受到你的温暖，是女人守护爱情的最终目的。